21世纪全国应用型本科计算机案例型规划教材

计算机图形用户界面设计与应用

主　　编　王赛兰

副主编　郭毅鹏　宋国平

参　　编　李昕昕　严张凌

　　　　　张　蕙

U0195609

北京大学出版社

PEKING UNIVERSITY PRESS

内 容 简 介

　　本书主要面向界面设计的初学者，针对当前同类图书理论与实践分隔太远不适合教学的情况，将理论与实践综合在一本书中，方便教学和学习。本书的内容包含图形用户界面概述、界面发展史研究、了解用户、信息可视化与图形用户界面设计、交互框架设计、视觉要素设计、空间设计等方面。通过对本书的学习，读者既可以掌握设计图形用户界面的方法和技巧，实现综合设计的蓝图，又可以了解交互设计的理论知识，打下一定的理论基础。

　　本书可作为计算机、软件工程、数码设计等专业的学生教材，也可供电子、通信等专业的学生作为选修课教材，还可供相关技术人员与自学者使用。

图书在版编目（CIP）数据

计算机图形用户界面设计与应用/王赛兰主编 . —北京：北京大学出版社，2014.5
（21 世纪全国应用型本科计算机案例型规划教材）
ISBN 978-7-301-24245-2

Ⅰ.①计… Ⅱ.①王… Ⅲ.①人机界面—程序设计—高等学校—教材　Ⅳ.①TP311.1

中国版本图书馆 CIP 数据核字(2014)第 097782 号

书　　　　名：计算机图形用户界面设计与应用
著作责任者：王赛兰　主编
策 划 编 辑：郑双
责 任 编 辑：郑双
标 准 书 号：ISBN 978-7-301-24245-2/TP · 1332
出 版 发 行：北京大学出版社
地　　　　址：北京市海淀区成府路 205 号　100871
网　　　　址：http://www.pup.cn　　新浪官方微博:@北京大学出版社
电 子 信 箱：pup_6@163.com
电　　　　话：邮购部 62752015　发行部 62750672　编辑部 62750667　出版部 62754962
印 刷 者：三河市博文印刷有限公司
经 销 者：新华书店
　　　　　　787 毫米×1092 毫米　16 开本　19 印张　435 千字
　　　　　　2014 年 5 月第 1 版　2014 年 5 月第 1 次印刷
定　　　　价：38.00 元

21世纪全国应用型本科计算机案例型规划教材

专家编审委员会

(按姓名拼音顺序)

信息技术的案例型教材建设

（代丛书序）

刘瑞挺

北京大学出版社第六事业部在 2005 年组织编写了《21 世纪全国应用型本科计算机系列实用规划教材》，至今已出版了 50 多种。这些教材出版后，在全国高校引起热烈反响，可谓初战告捷。这使北京大学出版社的计算机教材市场规模迅速扩大，编辑队伍茁壮成长，经济效益明显增强，与各类高校师生的关系更加密切。

2008 年 1 月北京大学出版社第六事业部在北京召开了"21 世纪全国应用型本科计算机案例型教材建设和教学研讨会"。这次会议为编写案例型教材做了深入的探讨和具体的部署，制定了详细的编写目的、丛书特色、内容要求和风格规范。在内容上强调面向应用、能力驱动、精选案例、严把质量；在风格上力求文字精练、脉络清晰、图表明快、版式新颖。这次会议吹响了提高教材质量第二战役的进军号。

案例型教材真能提高教学的质量吗？

是的。著名法国哲学家、数学家勒内·笛卡儿（Rene Descartes，1596—1650）说得好："由一个例子的考察，我们可以抽出一条规律。（From the consideration of an example we can form a rule.）"事实上，他发明的直角坐标系，正是通过生活实例而得到的灵感。据说是在 1619 年夏天，笛卡儿因病住进医院。中午他躺在病床上，苦苦思索一个数学问题时，忽然看到天花板上有一只苍蝇飞来飞去。当时天花板是用木条做成正方形的格子。笛卡儿发现，要说出这只苍蝇在天花板上的位置，只需说出苍蝇在天花板上的第几行和第几列。当苍蝇落在第四行、第五列的那个正方形时，可以用（4，5）来表示这个位置……由此他联想到可用类似的办法来描述一个点在平面上的位置。他高兴地跳下床，喊着"我找到了，找到了"，然而不小心把国际象棋撒了一地。当他的目光落到棋盘上时，又兴奋地一拍大腿："对，对，就是这个图"。笛卡儿锲而不舍的毅力，苦思冥想的钻研，使他开创了解析几何的新纪元。千百年来，代数与几何，井水不犯河水。17 世纪后，数学突飞猛进的发展，在很大程度上归功于笛卡儿坐标系和解析几何学的创立。

这个故事，听起来与阿基米德在浴缸洗澡而发现浮力原理，牛顿在苹果树下遇到苹果落到头上而发现万有引力定律，确有异曲同工之妙。这就证明，一个好的例子往往能激发灵感，由特殊到一般，联想出普遍的规律，即所谓的"一叶知秋"、"见微知著"的意思。

回顾计算机发明的历史，每一台机器、每一颗芯片、每一种操作系统、每一类编程语言、每一个算法、每一套软件、每一款外部设备，无不像闪光的珍珠串在一起。每个案例都闪烁着智慧的火花，是创新思想不竭的源泉。在计算机科学技术领域，这样的案例就像大海岸边的贝壳，俯拾皆是。

事实上，案例研究（Case Study）是现代科学广泛使用的一种方法。Case 包含的意义很广：包括 Example 例子，Instance 事例、示例，Actual State 实际状况，Circumstance 情况、事件、境遇，甚至 Project 项目、工程等。

我们知道在计算机的科学术语中，很多是直接来自日常生活的。例如 Computer 一词早在 1646 年就出现于古代英文字典中，但当时它的意义不是"计算机"而是"计算工人"，即专门从事简单计算的工人。同理，Printer 当时也是"印刷工人"而不是"打印机"。正是由于这些"计算工人"和"印刷工人"常出现计算错误和印刷错误，才激发查尔斯·巴贝奇（Charles Babbage，1791--1871）设计了差分机和分析机，这是最早的专用计算机和通用计算机。这位英国剑桥大学数学教授、机械设计专家、经济学家和哲学家是国际公认的"计算机之父"。

20 世纪 40 年代，人们还用 Calculator 表示计算机器。到电子计算机出现后，才用 Computer 表示计算机。此外，硬件（Hardware）和软件（Software）来自销售人员。总线（Bus）就是公共汽车或大巴，故障和排除故障源自格瑞斯·霍普（Grace Hopper，1906－1992）发现的"飞蛾子"（Bug）和"抓蛾子"或"抓虫子"（Debug）。其他如鼠标、菜单……不胜枚举。至于哲学家进餐问题，理发师睡觉问题更是操作系统文化中脍炙人口的经典。

以计算机为核心的信息技术，从一开始就与应用紧密结合。例如，ENIAC 用于弹道曲线的计算，ARPANET 用于资源共享以及核战争时的可靠通信。即使是非常抽象的图灵机模型，也受益于二战时图灵博士破译纳粹密码工作的关系。

在信息技术中，既有许多成功的案例，也有不少失败的案例；既有先成功而后失败的案例，也有先失败而后成功的案例。好好研究它们的成功经验和失败教训，对于编写案例型教材有重要的意义。

我国正在实现中华民族的伟大复兴，教育是民族振兴的基石。改革开放 30 年来，我国高等教育在数量上、规模上已有相当的发展。当前的重要任务是提高培养人才的质量，必须从学科知识的灌输转变为素质与能力的培养。应当指出，大学课堂在高新技术的武装下，利用 PPT 进行的"高速灌输"、"翻页宣科"有愈演愈烈的趋势，我们不能容忍用"技术"绑架教学，而是让教学工作乘信息技术的东风自由地飞翔。

本系列教材的编写，以学生就业所需的专业知识和操作技能为着眼点，在适度的基础知识与理论体系覆盖下，突出应用型、技能型教学的实用性和可操作性，强化案例教学。本套教材将会有机融入大量最新的示例、实例以及操作性较强的案例，力求提高教材的趣味性和实用性，打破传统教材自身知识框架的封闭性，强化实际操作的训练，使本系列教材做到"教师易教，学生乐学，技能实用"。有了广阔的应用背景，再造计算机案例型教材就有了基础。

我相信北京大学出版社在全国各地高校教师的积极支持下，精心设计，严格把关，一定能够建设出一批符合计算机应用型人才培养模式的、以案例型为创新点和兴奋点的精品教材，并且通过一体化设计、实现多种媒体有机结合的立体化教材，为各门计算机课程配齐电子教案、学习指导、习题解答、课程设计等辅导资料。让我们用锲而不舍的毅力，勤奋好学的钻研，向着共同的目标努力吧！

刘瑞挺教授　本系列教材编写指导委员会主任、全国高等院校计算机基础教育研究会副会长、中国计算机学会普及工作委员会顾问、教育部考试中心全国计算机应用技术证书考试委员会副主任、全国计算机等级考试顾问。曾任教育部理科计算机科学教学指导委员会委员、中国计算机学会教育培训委员会副主任。PC Magazine《个人电脑》总编辑、CHIP《新电脑》总顾问、清华大学《计算机教育》总策划。

前　　言

随着技术的快速发展及广泛应用，数字科技产品正在以惊人的速度改变着我们的生活。多点触摸、手势交互、语音输入、虚拟现实等技术再也不是停留在实验室中不可触及的高端科技，而是走进了普通人的生活。很长时间里，人们在把高科技、新技术转化成产品的过程中，仅仅热衷于实现新颖的产品功能，却忽视了对人的关怀、理解。具有这种特性的产品在市场上被证明是很难取得成功的。以智能手机为例，从 2000 年第一部智能手机问世以来，用户界面设计的成功与失败直接关系产品自身的成败，可以说用户体验是用户选择手机产品的重要因素。

对于初学者而言，选择怎样的图书作为学习交互设计的入门用书常常是一个难题。大部分的理论书籍要花费很长时间阅读还不一定实用。在真正开始学习过程中，学生通常还要选择一本或者几本适合的实践类书籍。对于初学者而言，如果两者兼得就是最佳选择。本书介绍了所有核心的知识点，是初学者很好的选择。

理论部分从讲解交互设计中的各项概念入手，深入浅出地介绍了分析用户的方法、信息可视化的理论，以及交互设计中四项大问题的解决之道，基本涵盖了交互设计理论的大部分重要方面。实践部分主要涉及四个具体的案例，以 Photoshop 为主要技术点，讲解了设计、制作界面的方法和技术。具体内容如下。

上篇为理论部分，包括以下四章。

第 1 章：交互设计中的一些概念，包括什么是界面、什么是交互设计等。

第 2 章：学会分析用户、了解用户，基于用户需求构思交互方案。

第 3 章：如何将信息可视化，信息可视化与交互设计的关系是什么。

第 4 章：从引导、易用、反馈、视觉化四个方面具体讲解交互设计中问题的解决之道。

下篇为实践部分，包括以下三章。

第 5 章：童趣手机界面设计，主要学习界面设计中的手绘方式、移动端设备界面设计、Photoshop 的画笔工具、自定义图案、文字工具等。

第 6 章：图标设计，了解图标的设计方法。

第 7 章：办公软件界面设计，了解比较复杂的软件界面设计的一般布局、设计方法。

以总共 56 学时为例，建议学时分配如下。

各章	第 1 章	第 2 章	第 3 章	第 4 章	第 5 章	第 6 章	第 7 章
学时分配	4	4	6	12	8	10	12

本书中涉及知识点和案例均经过编者的精心编辑，深入浅出，实用性强，能够有效引导读者对交互设计有一个形象化的认识，使本来枯燥的学习变得相对轻松，希望本书能够

计算机图形用户界面设计与应用

成为读者开始学习交互设计的好帮手。

　　本书由王赛兰担任主编，郭毅鹏、宋国平担任副主编，李昕昕、严张凌、张蕙共同参与编写。由于编者水平所限，书中不足之处在所难免，恳请读者批评指正。

编　者

2014 年 2 月于成都

目　　录

上篇　理论部分

第 1 章

概　　述

教学目标

（1）了解什么是界面，什么是用户界面。
（2）用户界面的发展和前景。

导入案例

图 1-1 中的三张图片显示的为手表、体重秤、可乐瓶，大家认为哪一个或者哪几个是我们所说的"界面"呢？这些界面和我们平时使用计算机、手机时的界面有何联系呢？能不能尝试讨论给"界面"一个定义呢？

如果我们开始研究"界面"这个话题，那么应该想到一个问题：从晦涩难懂的计算机语言到 iPhone 手机，是什么让数字产品以前所未有的势头改变我们的生活？是什么决定了数字产品的成败？是技术还是其他？当我们谈到"用户界面"、"交互设计"、"用户体验"等名词时，是否还认为这些只是计算机技术发展中可有可无的边缘话题？下面让我们一起来了解什么是"界面"。

图 1-1　手表、体重秤和可乐瓶

1.1 计算机图形用户界面

1.1.1 什么是界面

从广义上来说，所有的两个或多个不同物之间的分界面都可以称为"界面(Interface)"。就是说几乎所有我们能够看见，能够触摸到的表面都可以称为"界面"。例如，我们触手可及的桌面、微风拂过的水面、操控计算机或者汽车的操控表面。就本书而言，我们通常谈及的计算机层面的"界面"包含以下两个方面的含义。

（1）对于硬件工程师而言，它指的是机器设备之间连接的插拔方式，又称接口。例如，1394接口、USB接口、网口等。

（2）对于图形设计师而言，它指的是用户在计算机屏幕上看到的一切，包括文字、图标、窗口等，这也是本书探讨的主要内容。

在漫长的计算机产业发展过程中，交互设计工作一直没有得到应有的重视。人们好像认为计算机就应该为那些看得懂代码的专业人员服务，一般的用户只能望而却步。后来，人们渐渐意识到，软件产品的生产、销售和其他的工业产品一样，形式和功能缺一不可。其实，我们所说的界面设计属于工业产品中的工业设计的分支，是产品的重要卖点。界面设计不是单纯的美术绘画，它需要定位使用者、使用环境、使用方式并且为最终用户设计。和计算机编码一样，它是纯粹的科学性的创造设计，需要经过专业培养的专业人才来设计。一个友好的界面会给人带来流畅的操作感受，拉近人与计算机的距离，为商家创造卖点。检验一个界面的标准既不是某个项目开发组领导的意见，也不是项目成员投票的结果，而是最终用户的感受。

1.1.2 用户界面设计

我们把计算机屏幕显示界面称为用户界面，它是人机交互操作的主要方式，是用户与计算机信息传递的媒介。用户界面设计是屏幕产品的重要组成部分。界面设计是一个复杂的、有不同学科参与的工程，认知心理学、设计学、语言学等在此都扮演着重要的角色。

我们可以将用户界面设计分为结构设计、交互设计、视觉设计三个部分。

1）结构设计

结构设计(Structure Design)是界面设计的骨架。通过对用户研究和任务分析，制定出产品的整体架构。界面的结构设计是整个界面设计中的重要环节。用简易的方法绘制软件产品的界面结构，可以迅速地展示方案，调整改善其中的不足，方便用户测试。图1-2所示为某一网络游戏界面设计中人物属性界面的框架结构。

2）交互设计

用户界面是用户和计算机之间信息的互相传递的媒介，其中包括信息的输入和输出。图1-3所示为用户和计算机之间的信息传递方式。

如图1-3所示，用户界面主要有两个任务：把信息从用户处输入到计算机中，把信息从计算机输出到用户处。这样的一个输入、输出过程被称为"交互"。

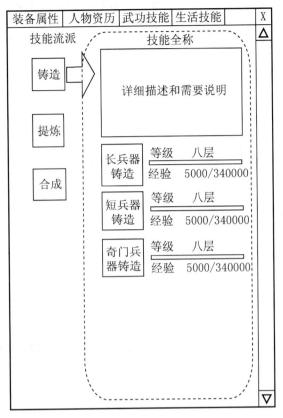

图1-2　某一网络游戏界面设计中人物属性界面的框架结构

图1-3　用户和计算机之间的信息传递方式

　　一般来说，我们似乎认为所有交互的行为都是指计算机或者和计算机相关的事务，实际情况并非如此。人们日常生活中借助界面获取及发送信息的行为几乎天天发生，如开车。汽车通过各种仪表传达路面和车子的众多信息，用户则通过转向盘、脚踏、挡位等控制器来控制汽车。另外，我们每天要使用的手机用声音信号或者震动信号提醒用户有新的短信或者留言，用户则通过按键用文字或者声音回复信息。类似的例子还有很多。不难发现，其实任何需要人和机器交互的设备都有各种形式的用户界面。

　　交互设计的目的是使产品能被用户简单使用。关于如何进行良好的交互设计，在本书后文中将有详细的介绍。

　　3）视觉设计

　　有学者统计分析，人们对客观环境获取的信息中，视觉约占60%，听觉约占20%，触觉约占15%，味觉约占3%，嗅觉约占2%。现在的界面主要借助图形、图像等直观、真实地表达和传输信息。在结构设计和交互设计的基础上，参照目标群体的心理模型和任

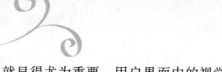

务达成进行视觉设计（Visual Design）就显得尤为重要。用户界面中的视觉设计包括色彩、字体、页面等。视觉设计要达到使用户愉悦使用的目的，需要遵从一些法则和经验，本书将在第 2 章中着重讲述用户界面设计中的视觉设计的实践和应用。

1.1.3　图形用户界面

图形用户界面或图形用户接口（Graphical User Interface，GUI）是指采用图形方式显示的计算机操作环境用户接口。相对于以前的以文本为主的用户界面，图形用户界面操作更简单，对于用户来说，上手更容易。可以说 GUI 是计算机发展的重大成就之一。有了图形用户界面，用户不再需要记住生涩的文字命令，不用专门学习某种语言操作，而可以直接根据图标、菜单、窗口等控件操作计算机。不仅仅专业人员可以使用计算机，普通的、没有接受专门训练的人也可以使用计算机。这大大提升了计算机面向的用户群，也改变了计算机发展的方向。

目前，在用户界面领域，图形用户界面占据了绝对的主流，通常我们把图形用户界面分为软件用户界面、网页用户界面和移动设备用户界面等。

1. 软件用户界面

软件用户界面有四个要素：窗口（Window）、图标（Icon）、菜单（Menu）、鼠标指针（Pointing Device），这四个要素可以缩写成 WIMP。图形软件用户界面有时也被称为 WIMP。通过对用户的研究和精心的设计，图形软件用户界面能够提供良好的操作体验。

窗口：窗口是用户界面中最重要的部分，如图 1-4 所示。它是屏幕上与一个应用程序相对应的矩形区域，是用户与产生该窗口的应用程序之间的可视界面。

图 1-4　窗口

窗口是交互的基础区域，主要包括标题栏、菜单栏、工具栏和操作区。它能够移动和缩放。用户可以直观地通过工具和菜单命令作用于对象，并且直观地看到效果。

图标：广义上来说，具有指代意义的图形符号都可以称为图标。图标具有高度浓缩并快捷传达信息、便于记忆的特性。应用范围很广，软硬件、社交场所公共场合无所不在，例如：男女厕所标志和各种交通标志等。图 1-5 中是一些的图标。

图1-5　图标

　　图标在计算机方面的应用包括程序标识、数据标识、命令选择、模式信号或切换开关、状态指示等。一个图标是一个图形图像，一个小的图片或对象代表一个文件、程序、网页或命令。单击或者双击图标可以帮助用户执行命令。

　　菜单：菜单是用户执行动作命令的集合。它包含了用户在软件中需要用到的所有命令。常见的菜单栏有工具栏式、下拉式、卡片式、弹出式（右键菜单）和级联式菜单等。图1-6所示为各种菜单。

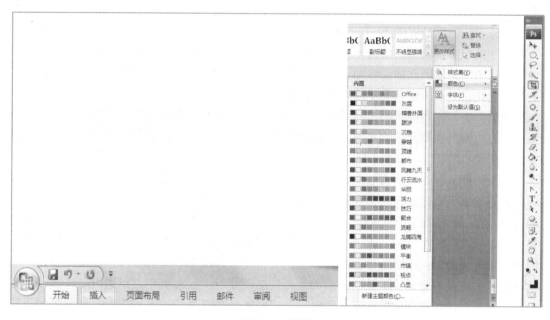

图1-6　菜单

　　菜单是基于能见、能点的原则而设计的。用户能看到他们的选择，而不用识记很多的命令名称。菜单一般有可选、不可选、选中、未选中等状态。现在通行的做法是左侧显示功能名称，右侧显示实现此功能的快捷键；若有级联菜单，则应该有箭头符号；不同功能区域用线条分割开。

　　鼠标指针：在计算机开始使用鼠标后为了在图形界面上标识出鼠标位置而产生了鼠标指针。一般的鼠标指针形态有箭头、"十"字、等待沙漏、文本输入"I"等，如图1-7所示。

　　随着计算机软件的发展，它渐渐包含了更多的信息。在Windows操作系统中，首次用不同的指针来表示不同的状态，如系统忙、移动中、拖放中。在Windows系统中使用的鼠标指针文件被称为"光标文件"或"动态光标文件"。

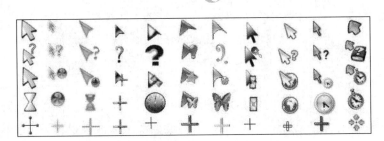

图 1-7　鼠标指针

2. 网页用户界面

无论哪种网页用户界面都必须通过 IE、Netscape 等浏览器来观看，所以网页界面窗口实际上是位于浏览器窗口内的窗口。对网页用户界面设计的研究主要是对浏览器内界面窗口的研究。

全球领先的网站提供商 Hostway 发布的报告显示，60％以上的人认为不佳的网页界面设计会使他们产生厌烦的情绪，而 70％以上的网站访问者不会重访那些他们曾有过不愉快使用经历的网站。因此网页界面设计的优劣直接影响网站的形象和访问率。而如何进行网页界面优化，则成为了目前亟待解决的问题。

根据调查研究，网页用户界面设计可分为两个部分：一部分为网页表现形式的设计，另一部分为网页界面使用性的分析。在表现形式方面，分为页面设置、文字编排、图片设置、色彩设计等。

(1) 页面设置：网页的版面设计必须适应人们视觉流向的心理和生理特点，由此确定各种视觉构成元素之间的关系和秩序。一般来讲，页面的上部和中上部被认为是"最佳视域"，也就是最优选的页面位置。网页中一些需要突出的信息，如主标题及每天更新的重要内容等通常都放在这个位置上。Park & Noh 曾经对电子购物网页中选单的位置进行了网页使用效果的探讨，将选单位置分成上、下、左、右四个不同层次，并使受试者在不同选单位置的网页中完成寻找某项商品的任务。结果发现，当选单在左半边时，完成该任务的时间最短。而当选单放置在下半部时，完成任务的时间最长。除了选单之外，页面设置还包括对页框位置、超链接的不同形式而进行的设计。

(2) 文字编排：文字是网页设计中不可缺少的元素，也是传达信息的主要手段。所以网页中文字占据了相当大的篇幅，同时文字字体、字号的合理选择及设计编排形式的优劣，直接影响整个网页的设计水准。网页文字的编排，重在服从信息内容的性质及特点，其风格要与内容特性相吻合，不能相脱离，更不能相互冲突。

(3) 图片设置：图片是随着文字最早进入网络中的多媒体对象，有效的图片设置能极大地丰富、美化网页界面。网络传输图片会受到带宽限制，其文件在一定范围内越小越好——文件越小，下载时间就越短。图片在页面上的位置、数量、形式等直接关系网页的视觉传达效果，在选择和优化设置图片时，应考虑其在整体设计编排中的作用，以达到和谐统一。

(4) 色彩设计：在浏览网页时，浏览者的第一印象就是页面色彩的设计，色彩设计的和谐与否直接影响浏览者的观赏兴趣。色彩的设计除了一般的审美要求以外，还要关注用户群体和网页本身的内容和特点，如政府、学校类网站。

对网页使用性的研究主要包括浏览路径设置、超链接配置及人机操作等方面的研究。

（5）根据研究，用户并非在阅读屏幕上的内容，而是在扫视。用户习惯扫视和快速寻找页面上一些能够引导其理解内容的关键点。所以，设计时需要注意，降低用户寻找其关心内容的难度是关键。

Jakob Nielsen 曾对 232 位用户浏览几千个页面的过程中的眼动情况进行了追踪，发现用户在不同站点上的浏览行为有明显的一致性，将浏览热点可视化后呈现出类似 F 形的图案，如图 1-8 所示。这种浏览行为有以下三个特征。

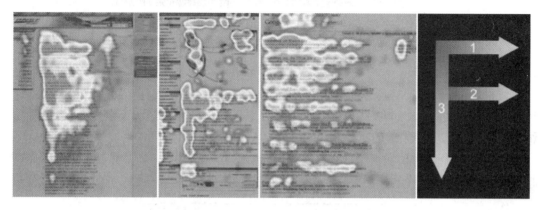

图 1-8　用户浏览热区呈 F 形

① 用户首先会在内容区的上部进行横向浏览。

② 用户视线下移一段距离后在小范围内再次横向浏览。

③ 用户会在内容区的左侧快地纵向浏览。

但是，这三个过程并不能精确地概括用户的视觉行为，有时候，在这三个过程之后，还会在底部有横向浏览的热点，使得整个浏览热区图看上去更像 E 而不是 F。也有时候，用户浏览时只反应了上述的行为 1 和行为 3，使得浏览热区图像看上去像一个倒写的 L。但从所有数据整体上来看，用户的屏幕浏览热区图还是较一致地反映出了 F 图像。

1.2　计算机用户界面的发展

1.2.1　命令用户界面

早期的人机界面是命令语言人机界面，人机对话都是机器语言。人机交互方式只能是命令和询问，通信完全以正文形式通过用户命令和用户对系统询问的方式来完成，如图 1-9 所示。这要求惊人的记忆力和大量的训练，要求操作者有较高的专业水平。对于一般用户来说，命令语言用户界面易出错，不友好且难学习，错误处理能力也较弱。因此，这一时期被认为是人机对峙时期。

图1-9　命令用户界面

1.2.2　图形用户界面

20世纪70年代，Xerox公司的研究人员开发了第一个图形用户界面，开启了计算机图形界面的新纪元，20世纪80年代以来，操作系统的界面设计经历了众多变迁，各种操作系统将GUI设计带入新的时代。

第一台使用现代图形用户界面的个人计算机是Xerox Alto，设计于1973年，该系统并未商用，主要用于研究和教学，如图1-10所示。

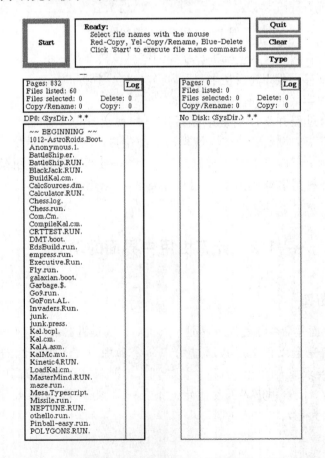

图1-10　使用现代图形用户界面的个人计算机——Xerox Alto

1) 1981—1985 年阶段

Xerox 8010 Star(1981 年发布)是第一台全集成桌面计算机,包含应用程序和图形用户界面所示,一开始被称为 The Xerox Star,后改名为 View Point,最后又改名为 Global View,如图 1 - 11 所示。

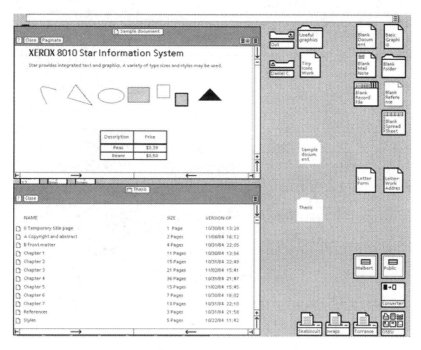

图 1 - 11　Global View

Apple Lisa Office System 1（1983 年发布）又称 Lisa OS,如图 1 - 12 所示,这里的 OS 是 Office System 的缩写,苹果公司开发这款机器的初衷是将其作为文档处理工作站使用的。但这款机器的使用寿命并不长,很快被更便宜的 Macintosh 操作系统取代。Lisa OS 的几个升级版本包括 1983 年的 Lisa OS2,1984 年的 Lisa OS 7/7 3.1。

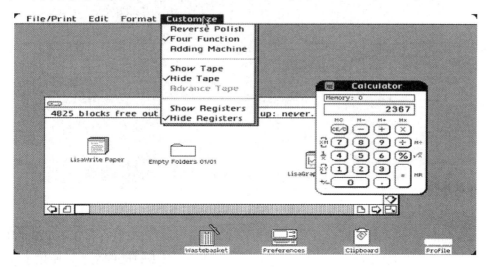

图 1 - 12　Apple Lisa Office System

Mac OS System 1.0（1984年发布）如图1-13所示，是最早的Mac操作系统GUI，已经拥有现代操作系统的几项特点：基于窗体，使用图标。窗体可以用鼠标拖动，文件与文件夹可以通过拖放进行复制。

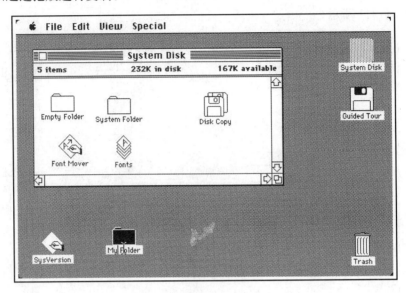

图1-13　Mac OS System 1.0

Amiga Workbench 1.0（1985年发布）如图1-14所示，一经发布，Amiga就领先时代。它的GUI包含彩色图形（四色：黑、白、蓝、橙），初级多任务，立体声及多状态图标（选中状态和未选中状态）。

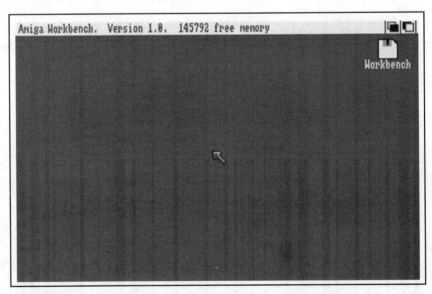

图1-14　Amiga Workbench 1.0

Windows 1.0x（1985年发布），如图1-15所示，1985年微软公司终于在图形用户界面中占据了一席之地，Windows 1.0x是其第一款基于GUI的操作系统，使用了32×32像素的图标及彩色图形，其最有趣的功能是模拟时钟动画图标。

图 1-15　微软公司的 Windows 1.0x

2）1986—1990 年阶段

IRIX 3（1986 年发布）64 位 IRIX 操作系统是为 UNIX 设计的，如图 1-16 所示。它的一个有趣功能是支持矢量图标，这个功能在 Max OS X 面世前就出现了。

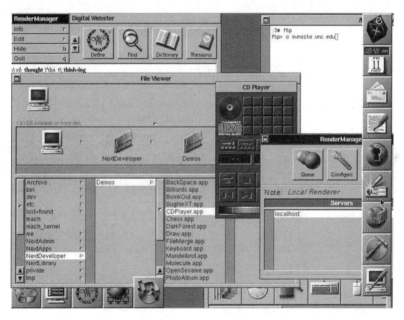

图 1-16　IRIX 3 操作系统

Windows 2.0x（1987 年发布），如图 1-17 所示。这个版本的 Windows 操作系统中对 Windows 的管理有了很大改进，Windows 可以交叠、改变大小、最大化或最小化。

OS/2 1.x（1988 年发布）如图 1-18 所示，最早由 IBM 和微软公司合作开发，然而在 1991 年，随着微软公司将这些技术嵌入 Windows 操作系统，两家公司分开发展，IBM 继续开发 OS/2，OS/2 使用的 GUI 被称为"Presentation Manager（展示管理）"，这个版本的 GUI 只支持单色及固定图标。

NeXTSTEP/OPENSTEP 1.0（1989 年发布）是由 Steve Jobs 为大学和研究机构设计

的一款计算机。

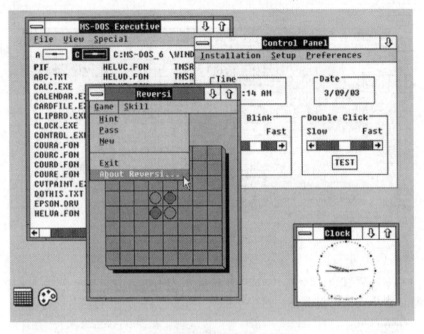

图 1-17　Windows 2.0x

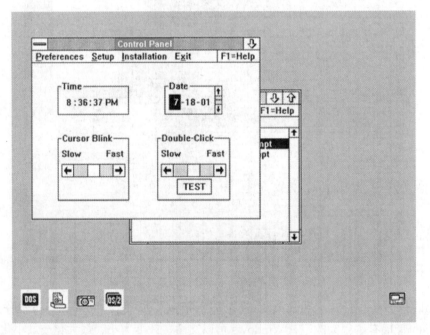

图 1-18　OS/2 1.x

　　第一台 NeXT 计算机于 1988 年发布，但 1989 年随着 NeXTSTEP 1.0 GUI 的发布才取得显著进展，该 GUI 后来演变成 OPENSTEP。该 GUI 的图标很大，48×48 像素，包含更多颜色，一开始是单色的，从 1.0 开始支持彩色，图 1-19 中已经可以看到现代 GUI 的影子。

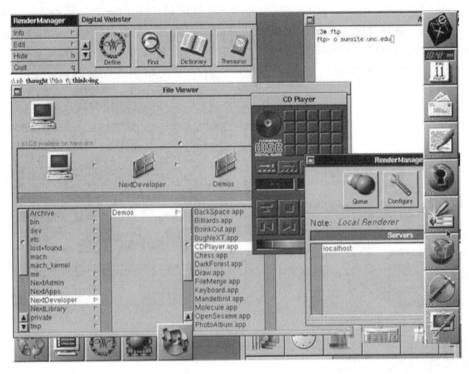

图 1-19 NeXTSTEP 1.x

OS/2 1.20（1989 年发布）在很多方面都做了改进，图标看上去更美观，窗体也显得更平滑，如图 1-20 所示。

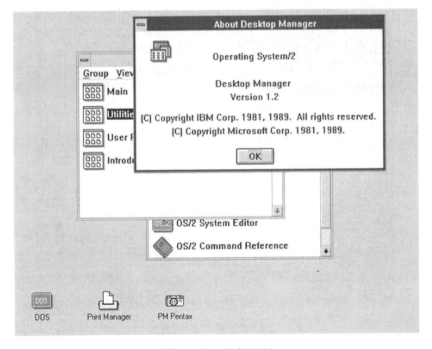

图 1-20 OS/2 1.20

Windows 3.0 如图 1-21 所示。微软公司真正认识到 GUI 的威力，并对之进行大幅度改进。该操作系统支持标准或 386 增强模式，在增强模式中，可以使用 640KB 以上的扩展内存，让更高的屏幕分辨率和更好的图形成为可能，如可以支持 SVGA 800×600 或 1024×768。同时，微软公司聘请 Susan Kare 设计了 Windows 3.0 的图标，为 GUI 注入了统一的风格。

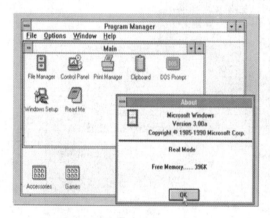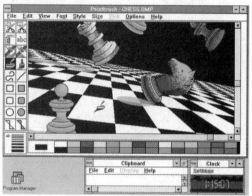

图 1-21　Windows 3.0

3) 1991—1995 年阶段

Amiga Workbench 2.04 (1991 年发布)的 GUI 有很多改进，桌面可以垂直分割成不同分辨率和颜色深度，默认的分辨率是 640×256，但硬件支持更高的分辨率，如图 1-22 所示。

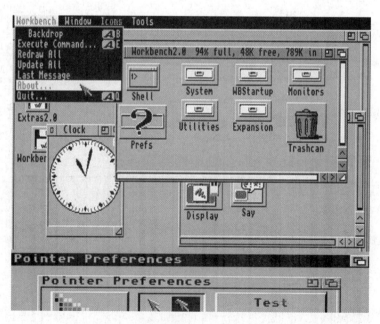

图 1-22　Amiga Workbench 2.04

Mac OS 7 (1991 年发布)是第一款支持彩色的 GUI，图标中加入了灰、蓝、黄阴影，如图 1-23 所示。

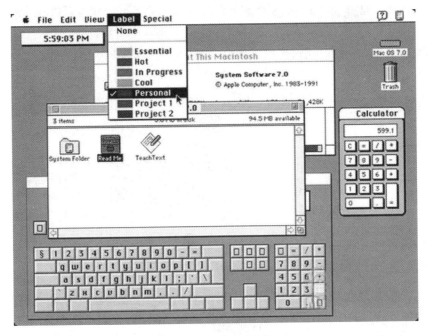

图 1-23　Mac OS 7

Windows 3.1（1992 发布）支持预装的 TrueType 字体，第一次使 Windows 成为可以用于印刷的系统。在 Windows 3.0 中，只能通过 Adobe 字体管理器（ATM）实现该功能。该版本同时包含一个称为 Hotdog Stand 的配色主题。配色主题可以帮助某些色盲用户看清图形，如图 1-24 所示。

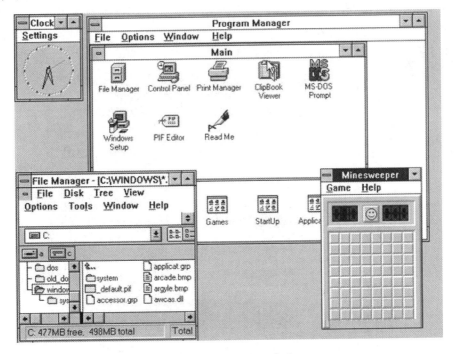

图 1-24　Windows 3.1

OS/2 2.0（1992 年发布）是第一个获得世界认可并通过可用性与可访问性测试的 GUI，整个 GUI 基于面向对象模式，每个文件和文件夹都是一个对象，可以同别的文件、文件夹与应用程序关联。它同时支持拖放式操作及模板功能，如图 1-25 所示。

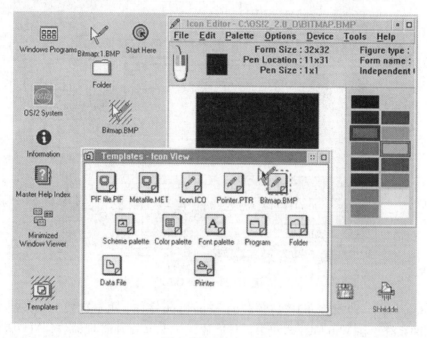

图 1-25　OS/2 2.0

Windows 3. x 之后，微软公司对整个用户界面进行了重新设计，推出了著名的 Windows 95（1995 年发布）。这是第一个在窗口上加上"关闭"按钮的 Windows 操作系统版本。图标被赋予了各种状态(有效、无效、被选中等)，著名的"开始"按钮也在此操作系统中第一次出现。对于操作系统和 GUI 而言，这是微软公司的一次巨大飞跃，如图 1-26 所示。

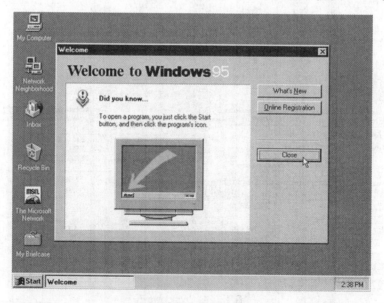

图 1-26　Windows 95

4) 1996—2000 年阶段

1996 年，IBM 终于推出了 OS/2 Warp 4。其桌面上可以放置图标，也可以自己创建文件和文件夹，并推出了一个类似 Windows 回收站和 Mac 垃圾箱的文件销毁器，但是一旦将文件放进去就不能再恢复，如图 1-27 所示。

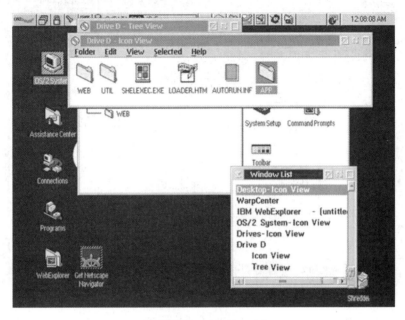

图 1-27 OS/2 Warp 4

Mac OS 8（1997 年发布）支持默认的 256 色图标，Mac OS 8 最早采用了伪 3D 图标，其灰蓝色彩主题后来成为 Mac OS GUI 的标志，如图 1-28 所示。

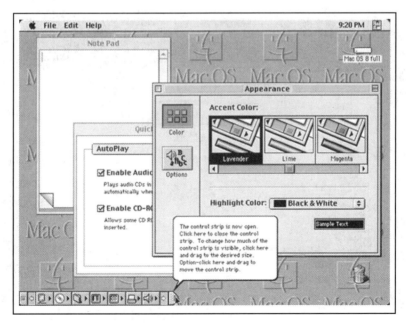

图 1-28 Mac OS 8

Windows 98 的图标风格和 Windows 95 的几乎一致，不过整个 GUI 可以使用超过 256 色进行渲染，Windows 资源管理器改变巨大，第一次出现活动桌面，如图 1 - 29 所示。

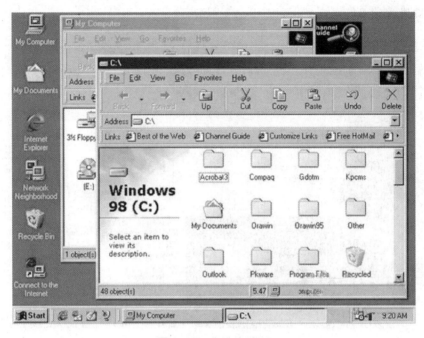

图 1 - 29　Windows 98

KDE 1.0（1998 年发布）是 Linux 系统中的一个统一的图形用户界面环境，如图 1 - 30 所示。

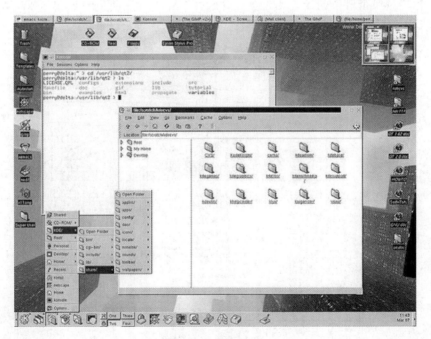

图 1 - 30　KDE 1.0

GNOME 1.0（1999 年发布）桌面主要为 Red Hat Linux 开发，后来也被其他 Linux 操作系统采用，如图 1-31 所示。

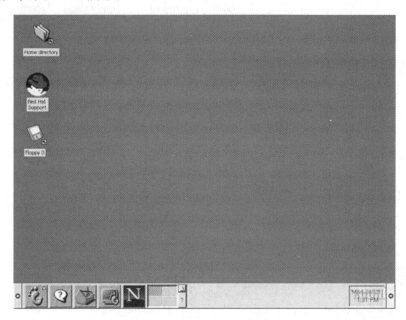

图 1-31 GNOME 1.0

5）2001—2006 年阶段

Mac OS X（2001 年发布）中 32×32、48×48 的分辨率被 128×128 的分辨率代替，图标是平滑半透明的。该 GUI 一经推出立即招致大量批评，似乎用户对如此大的变化还不习惯，但没过多久，他们就接受了这种新风格，如今这种风格已经成了 Mac OS 的"招牌"，如图 1-32 所示。

图 1-32 Mac OS X

　　微软公司每推出一次重要的操作系统版本，其 GUI 也必定有巨大的改变，Windows XP 也不例外，这个 GUI 支持皮肤，用户可以改变整个 GUI 的外观与风格，默认图标分辨率为 48×48，支持上百万种颜色，如图 1-33 所示。

图 1-33　Windows XP

　　KDE 3（2002 年发布）对所有图形和图标都进行了改进并统一了用户体验，如图 1-34 所示。

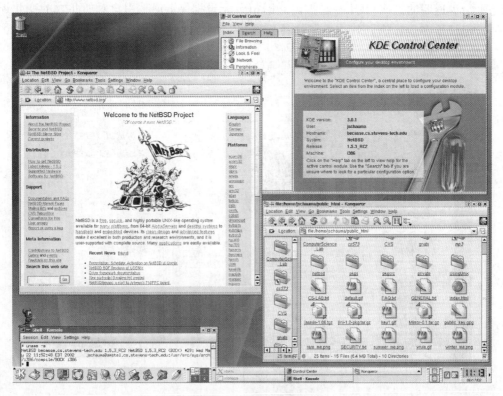

图 1-34　KDE 3

6）2007—2009 年阶段

Windows Vista（2007 年发布）是微软公司对向其竞争对手的一个挑战，Vista 中同样包含很多 3D 和动画，自 Windows 98 以来，微软公司一直尝试改进其桌面，在 Vista 中，他们使用了类似饰件的机制替换了活动桌面，如图 1－35 所示。

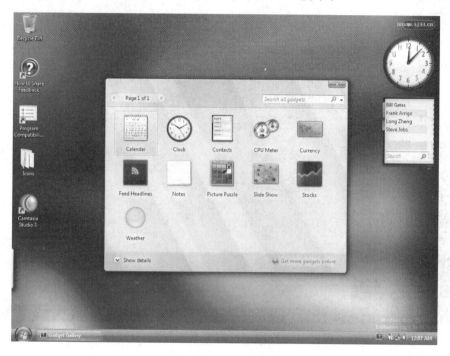

图 1－35　Windows Vista

Mac OS X Leopard（2007 年发布）基本的 GUI 仍是 Aqua，但看上去更 3D 一些，也包含了 3D 停靠坞及很多动画与交互功能，如图 1－36 所示。

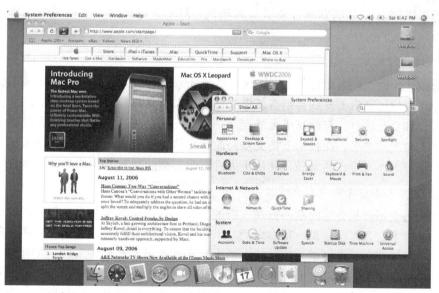

图 1－36　Mac OS X Leopard

计算机图形用户界面设计与应用

KDE 4(2009 年 1 月发布 4.0，2009 年 3 月发布 4.2)的 GUI 提供了很多新改观，如动画的、平滑的、有效的窗体管理，图标尺寸可以很容易调整，几乎任何设计元素都可以轻松配置。相对前面的版本绝对是一个巨大的改进，如图 1-37 所示。

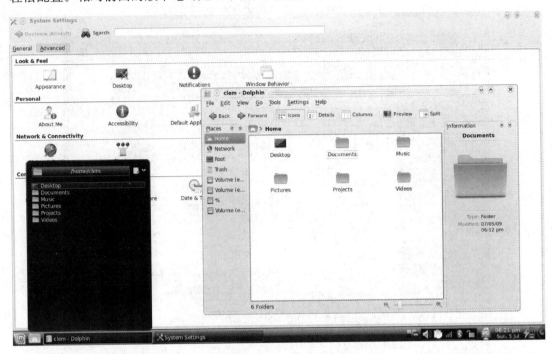

图 1-37　KDE 4

1.2.3　发展未来

经过几十年的发展，以 Windows 和 Mac 为代表的 GUI 都有了很大的进步，新的技术、新的思维都给 GUI 的发展带来了新的契机。对于人机界面交互领域的未来发展，我们可以做以下大胆推测。

1. 人性与智能

就像数十年前人们不能想象图形图像、音频视频能够成为计算机主流媒体一样，我们也难以想象以后计算机的发展会创造怎样的奇迹。人机界面是人与计算机之间传递、交换信息的媒介和交互接口。与计算机无缝交互一直是人机交互追求的极致。人机界面技术在近年有了大幅度的进展，在技术上将大步跨向更自然、更人性与更智能的新人机界面，未来人机界面技术将有更多的突破，期待更人性、更智能的交互方式并不是纯粹的梦想。

2. 多通道交互方式共同发展

鼠标和键盘不再是交互的唯一方式。新的交互方式正在飞速地改变着我们的生活。例如，触摸屏技术在几年前还是一项崭新的技术，平常百姓只能在银行的 ATM 上看到它的身影。但是短短几年，更灵敏、更精确、更人性化的触摸屏开始进入我们的生活。iPhone 的出现彻底改变了人们对手机的理解。作为设计师，如果我们看得更远，语音识别、人脸识别、多点触控、眼动跟踪等技术将在未来的哪个时候开始影响人们的生活？我们完全可以期待。

3. 虚拟现实

《阿凡达》创造了电影史上的奇迹，也让我们有了新鲜的交互体验。其实，3D电影并不是什么新鲜事物。它可以说是"虚拟现实"技术的一个分支。虚拟现实技术指利用计算机硬件与软件资源的集成技术，提供一种实时的、三维的虚拟环境，使用者可以完全进入虚拟环境中，观看并操作计算机产生的虚拟世界，听到逼真的声音，在虚拟环境中的交互操作，有很强的真实感，是一种崭新的人机界面交互方式，能为用户提供现场感和多感觉通道，并根据不同目的探寻一种最佳的人机交互方式。利用这种技术，我们带上特别的头盔或者眼镜就可以漫游博物馆，或者进行虚拟旅游，或者从事某种特别的训练，亦或者对拟修建的项目进行全方位的审查评估等。

课 后 习 题

（1）简述什么是用户界面。

（2）探讨并研究 2009 年至今的用户界面的发展和创新。

（3）探讨图形用户界面是否为用户界面的终极模式，是否有更好的模式将其取代。

（4）以案例的形式讨论数字产品的成败和用户界面设计的关系。

第 2 章

了解用户

教学目标

(1) 了解用户分类。
(2) 了解用户研究的方法。

导入案例

我们的设计有没有缺陷？

使用者是否会自动按照设计师的意图使用？

人们真的会产生良好愉悦的感受吗？

如果要设计一部给老年人使用的手机，如图 2-1 所示，那么我们要考虑什么？是否应该首先研究这个特殊的用户群？例如，他们有什么需求，这些需求是和其他用户的需求相同还是有巨大的差异？我们了解的个体是否能够代表整个用户群？用户自己是否真正了解自己的需求？

图 2-1　老人与手机

很长一段时间，我们否认一个事实，即我们并不了解用户。因为我们也使用计算机，所以我们经常会这样认为："我就是用户"、"我代表用户"、"他们就和我一样"。但事实上我们对用户一无所知，如他们从事什么职业、有什么爱好、有什么使用习惯。我们总是想当然，在想象他们的需求的基础上为他们设计。这显然不是设计的良好方式。

本章我们要讨论怎样了解我们的用户，理解他们在使用我们的产品时的行为。这是设计优秀产品的开始。

2.1 新手、专家和中间用户

对用户的划分有不同的方式，他们的性别、年龄、地域等都可以作为划分的依据。在交互和界面设计中我们倾向于根据他们使用产品的时间将用户划分为新手用户、专家用户和中间用户。大部分计算机使用者都有过这样的经验：打开新的软件，新鲜感和期待很快就会被挫折和失望代替。因为新软件的学习通常会花掉我们很多时间和精力，甚至导致部分没有耐心的用户永远不会再次使用这个软件。但如果是有使用经验的用户，使用新的软件时他们也会感觉到不耐烦。因为程序经常把他们当作新手，讲解一些在他们看来很初级的问题。

找到一个平衡点，同时满足新手和专家的需求是不可能完成的任务吗？新手模式就应该是专家模式的简化和功能的减弱版吗？从这些问题看来，新手和专家之间好像有一道不可逾越的壕沟。

但有趣的是，很多情况下他们其实是同一个人。那么，怎样消除这道壕沟，让新手用户和专家用户之间的距离得到缩减呢？我们认为，解决这个困难的方法在于了解用户学习新概念和达成任务目标之间的不同理解。

下面先让我们来理解一下什么是中间用户、新手用于和专家用户。

1）中间用户

在解决新手和专家之间的问题之前，我们先来看看这个用户群体——中间用户。如果细心观察就会发现，大多数用户既不是新手用户也不是专家用户，他们是所谓的中间用户。

和学习开车一样，刚刚学习开车的学员总是问题百出，即使小心翼翼也不免犯错，这个时候他们就是新手用户；因为各种各样的原因有一些学员会放弃学习，但一段时间的训练和学习以后大多数的学员都可以掌握技巧，成为一名合格的驾驶员，很明显他们已经摆脱新手的阶段进入到中间用户的群体中了；很多用户会停留在这个阶段永远成为一名合格但不出色的驾驶员，但也有部分佼佼者，他们能够非常熟练地掌握开车的技巧，甚至可以将开车作为自己的职业，这些人我们就称之为专家用户。

计算机用户一样经历着从新手到中间用户再到专家用户的过程。如果绘制一张针对不同熟练度的人数曲线，则会发现处于左边的新手用户和处于右边的专家用户都是相对较少的，而最多的是处于中间的中间用户，如图2-2所示。

正态分布曲线是一个瞬间快照，可以反映用户熟练度和用户人数的关系。其实，新手在向中间用户转化，而中间用户可能停留在这个阶段也可能转向专家用户，专家用户随着时间的改变也可能向中间用户转化。总之，用户的分布是不断流动的，新手用户和专家用户都有向中间用户变化的趋势。基于这个原因，交互设计之父 Alan Cooper 总结出一条交互设计中的公理：为中间用户设计。

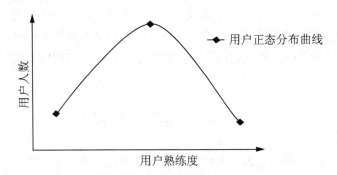

图 2-2　按照熟练程度统计的用户正态分布图

大多数新手用户都在为成为中间用户努力，他们从曲线的左边向右边移动，也可能消失不见。大多数新手用户都在为熟练使用软件而努力，他们使用软件的熟练程度取决于使用软件的频繁程度。新手用户虽然能够很快成为中间用户，但是很少能成为专家用户。

为什么我们要强调"为中间用户设计"呢？这就像滑雪场修建滑道一样，滑雪场会修建适合学习的平缓坡道，也会修建有较强挑战性的高难度滑道，但为了保证商业上的成功，滑雪场最多、最好的场地往往既不是给新手准备的缓坡，也不是给专家准备的垂直滑道，而是给能够滑雪但又并非高手准备的中等难度滑道。新手看到这样的滑道不会被吓退，反而有强大的学习动力希望能够尽快站上中等难度滑道。

这种方法可以应用在用户界面设计中，既不迎合新手用户，也不迎合专家用户，而努力满足永久的中间用户。与此同时，也要避免冒犯新手用户、阻碍专家用户，他们也同样重要。

中间用户有他们的特殊性如下所示。

（1）中间用户是最稳定的用户群。他们往往不会放弃已经学会的软件，而会忠实地使用下去，不出意外，软件的更新也不会影响他们的忠诚度。

（2）中间用户偶尔需要帮助，但过度的帮助会影响他们的操作。和新手用户不同，中间用户需要的帮助更少，也许只在某一些特定的时候他们需要快速准确的帮助，但多余的帮助往往会打断他们的操作，带来不好的用户体验。

（3）中间用户希望能够学习。大多数中间用户愿意向成为专家用户努力，学习让他们有成就感，也更能够增加用户黏合度。

根据中间用户的特殊性，不难找出他们最希望拥有的与软件交互的如下方式。

（1）中间用户不需要任何的提示就可以操作软件中经常使用的部分，但是对于没有经常使用的部分需要提示和帮助。所以完备的索引系统和在线帮助就显得尤为重要，即让用户能够方便地找到在线帮助，而不是让帮助寻找到用户。

（2）中间用户如果一段时间没有使用软件，那么就需要一些提示来帮助他们回忆如何使用软件。工具提示可以利用最简单的语言告诉用户该功能的作用，而不会打断用户的操作，是中间用户认可的良好方式。

（3）中间用户知道有自己没有掌握的高级功能存在，即使他们现在不会使用这些功能，但这些功能让他们放心。就像买车的人，即使他永远不会开到 200km/h，但总是希望自己的车能达到这个速度。这和购买软件产品的心理基本一样：用户总是希望自己购买的产品能够达到自己未来的需求，有追求的目标和方向。

2）新手用户

对于刚使用该软件产品的用户来说，"让新手开始"是最重要的。一个新手必须尽快掌握该软件最基本最常用的技巧，否则就可能放弃。所以，设计师在这个阶段最重要任务的就是让新手开始。但是，对新手用户提供的帮助在新手成为中间用户以后可能会影响用户。所以，无论给新手用户提供了什么样的帮助，都不应该在软件中固定下来，当不需要它的时候，需要其自动消失。目前，给新手用户提供帮助的良好方案如下。

（1）提供帮助和学习。很多软件启动时就会弹出快捷对话框，其中就有帮助新手用户的辅助功能。用户也可以选择不弹出这样的对话框。这样的设计简明实用，既能够方便新手用户找到帮助，也不会影响其他用户。

（2）提供良好的引导模式。如果说提供简单的帮助和学习是交互设计的初级阶段，那么在交互的过程中对新手用户进行引导和支持，就是非常考验交互设计师经验和能力的方式了。特别是在网站设计中，设置良好的引导是对新手用户的最大支持。

（3）提供和用户已有知识相衔接的交互方式。按照 Alan Cooper 的说法，我们把用户想象成"聪明，但很忙碌的人"。对于新手用户来说，学习新的操作方式无疑是一项挑战。学习新的操作不仅仅花去他们大量的时间，如果没有好的引导更会打击他们学习的积极性。如何让用户在短时间内掌握新的操作方法呢？如果我们能够提供和用户已有知识相衔接的交互方式，就可以缩短他们学习的时间，降低学习的门槛，让新手用户更快向中间用户转变。

 想一想

目前市场上游戏的新手设计有哪些？说说你对这些设计的想法。

3）专家用户

专家用户是非常重要的人群，因为他们不但是忠实的软件使用者，而且他们的经验对于新手用户来说有重要的影响。新手用户都愿意相信专家用户的看法，而不论这种看法是否适用于他们。我们可以总结一些专家用户的特点。

（1）专家需要的快捷模式。专家用户可能不再满足于用普通的方式去访问一般的工具，他们需要更快捷的方式，如快捷键。快捷键可以帮助专家用户更高效地完成任务，而且成为用户在掌握所有应用功能以后再次深入研究领域的标志，有助于提升中间用户到专家用户的转变。

（2）专家用户会持续学习。专家用户不会因为已经掌握了大部分的应用功能就停下学习的脚步。他们会持续地、积极地学习，如了解更多软件的功能，不同公司出品软件的差异，以及新功能的应用等。

（3）专家用户更希望有更新更强大的功能。相对于中间用户和新手用户，专家用户不会对软件复杂性的增加产生顾虑，因为他们对软件更加精通和熟悉。

想一想

Photoshop、Word 等软件分别给专家用户提供了怎样的设计？

2.2 用户研究方法

无论是建造一座房子，还是制造一辆汽车，我们都必须清楚"我们是在为谁设计"。为了搞清楚这个问题，我们必须进行用户研究。这样的研究如何进行，如何保证研究结论的准确性呢？这就需要科学严谨的方法来进行用户研究。

提到研究，大多数人会将其与"客观"联系在一起。这种联系并没有错，但是很多人会产生这样的偏见：只有定量的数据研究才是有科学性的。"数字不会撒谎"这一观念真的是公理么？

自然科学，比如机械或者电子，可以收集到详细精准的数字，某个零件一分钟运转多少次，它的尺寸大小如何，该产品的耗能情况如何……但是人类的情况就复杂很多：他们会改变心情，会被环境干扰，会对问题产生疑问。而定量的问题只能回答"多少""快慢"、"高低"等与数字相关的问题。这显然不能够概括所有的人类行为。社会科学家已经意识到人类行为太过复杂，受到太多因素影响，如果只依靠定量数据，则肯定不能够全面理解，引入科学的定性研究方法能够帮助设计更全面地了解用户。

如何使这样的研究流程更清晰、结果更科学，就是我们本章需要讨论的问题。

1）定性研究的目标

与定量研究相比，定性研究在理解人类行为方面有更加明显的优势，那么在交互设计的初期，我们期待定性研究给我们解决什么问题呢？我们总结了以下三点最为重要的问题。

（1）现有的产品和使用情况。

① 现在市面上有哪些相关产品？

② 使用现在产品的人群有哪些？

③ 目前产品有哪些缺陷或者有待改进的地方？

（2）潜在用户的情况。

① 他们是否正在使用或者曾经使用过相关软件？

② 他们希望产品达到的效果。

③ 他们关心的问题。

（3）产品中涉及的技术情况。

① 产品涉及哪些技术问题？

② 依据现在的技术力量能否达到？

③ 如果不能达到应该如何解决？

在实际实践中，问题的设置可以更灵活，以便得到提供设计参考的更有效的答案。

2）定性研究的方法

定性研究虽然不像定量研究那样用数字来说明问题，但是在多年的各种人类行为的调研中也形成了科学的体系。从我们交互设计实用性的角度来说，我们应用到的定性研究的方法如下。

（1）涉众访谈。一般人们认为用户的意见应该被排在第一位，但是事实上，理解软件产品的我们将"涉众"人员排在第一位。那么所谓的"涉众"人员是什么意思呢？

涉众指的是软件设计的相关人员，包括管理、技术开发、市场营销、客户服务等一切与本软件的设计生产相关的人员。相对于用户的意见来说，他们的意见更专业、更全面，涉及软件从开发、应用到后期维护的所有过程。从涉众人员中，我们希望了解到的内容如下。

① 对产品的预期如何。对将要设计的产品，各个部门都有略为不同的预期和关注角度。初期的访谈可以帮助设计师调整软件设计中的一些细节问题和考虑不周的地方。

② 有何现实约束。设计是带着镣铐跳舞的艺术。在工作前了解这些所谓的"镣铐"显然是非常重要的。具体来说，需要了解当前预算、进度及技术条件的约束。很多情况下，这些约束为软件的设计提供了决策点。

③ 对用户的看法如何。与用户相关的涉众人员，如客户服务人员，对用户群有更深刻的了解，可能比用户本身更了解用户。所以了解他们对用户的看法能对软件的后续管理提供重要的决策点。

（2）专家（SME）访谈。这里我们所说的专家指的是我们所设计的产品所在使用领域的专家，也就是 SME，即精通某一领域或主题的专家。他们可能是涉众人员也可能来自别的领域。他们可能是上一代或者相关产品的用户，也可能是培训或者管理机构的人员。他们的特点是对该领域的软件非常熟悉，能够提供一些有价值的看法。但我们并不认为 SME 的意见都是百分之百正确的。因为 SME 有自己的局限，对于交互设计领域来说，我们在考虑专家意见的同时还应该考虑以下几点。

① SME 并不是设计师。他们可能有很多经验和心得，但并非设计师，他们对产品改进提出的意见往往只能代表自己的立场。他们提出的意见需要设计师对其进行提炼，找出对设计有帮助的要点。

② SME 通常是专家用户。他们往往已经习惯了现有的交互设计模式，而且其操作习惯也倾向于专家级控制，所以他们的看法更倾向于管理者的角度，而并非当前用户。

③ SME 给项目提供的帮助不应该仅仅局限于项目开发初期，在整个项目开发的周期中，SME 的意见都是有价值的，一开始就和 SME 建立良好的联系对以后的访谈有很大好处。

3）建立人物角色模型

在产品研发过程中，确定明确的目标用户至关重要。不同类型的用户往往有不同甚至相互冲突的需求，我们不可能做出一个满足所有用户的产品。

为了让团队成员在研发过程中抛开个人喜好，将焦点关注在目标用户的动机和行为上，Alan Cooper 提出了 Persona 这一概念。一般将其翻译为"人物角色"，有时也使用"用户角色"来表达同样的意思，它是真实用户的虚拟代表，是在深刻理解真实数据的基础上得出的一个虚拟用户。我们通过调研去了解用户，根据他们的目标、行为和观点的差异，将他们区分为不同的类型，然后每种类型中抽取典型特征，赋予一个名称、一张照片、一些人口统计学要素、场景等描述，就形成了一个用户角色。

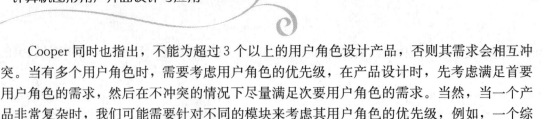

Cooper 同时也指出，不能为超过 3 个以上的用户角色设计产品，否则其需求会相互冲突。当有多个用户角色时，需要考虑用户角色的优先级，在产品设计时，先考虑满足首要用户角色的需求，然后在不冲突的情况下尽量满足次要用户角色的需求。当然，当一个产品非常复杂时，我们可能需要针对不同的模块来考虑其用户角色的优先级，例如，一个综合购物网站中，某个女性角色在女装版块是首要用户角色，但是在男装版块上就是次要用户角色了。

最佳做法是在产品研发的初期就进行细致地调研并创建产品的用户角色，然而，在实际操作中，很多时候大家可能觉得某个产品可以设计就去设计了，产品推出之后发现实际的用户与先前设想的用户存在比较大的偏差，而基于先前设想的用户所设计的产品架构却很难承载实际用户的需求。此时首要工作就是定义好产品的目标用户。

一般来说，我们都是通过定性研究创建用户角色的。当然，如果必要，也可以在后期通过定量研究对得到的用户角色进行验证。然而，即使要创建定量的用户角色，前期充分的定性调研也非常重要，在对聚类分析结果的解读或参数的调整中，对用户的充分理解可以帮助我们创建有意义的用户角色。

用户角色的创建可分为以下几个步骤，如图 2-3 所示。

图 2-3 用户角色的创建过程

（1）研究准备与数据收集。和所有研究一样，首先要确定被访用户类型、设计研究方案和调研提纲。那么我们要找谁进行调研？

由于调研的目的是创建用户角色，所以应该尽可能地调研最大范围内的不同用户。通过与不同部门的同事进行"脑暴"找出可能的各种用户类型，我们可能会得到一个条件列表，或者一个用户矩阵，然后就可以根据这些条件去邀约用户了，每种类型调研 3 个。用户的选择应该灵活一点，如果在调研过程中发现遗漏了某种类型的用户，则增加这种类型；又或者我们在调研了 20 家企业之后，发现没有什么新的信息出现，可以取消剩下的调研。

此外，在选择调研对象的时候，除了产品实际的使用者之外，不要遗忘其他的一些利益相关者。例如，购买家用清新剂的是妻子，但是丈夫和孩子对气味的喜好也会影响妻子的购买决策；企业老板可能不使用或很少使用某个产品，但他是最终购买决策的关键人物之一。所以这些人都应该纳入我们的调研范围。对于企业产品来说，经销商也是非常重要的调研对象。

采用何种研究方法，主要根据研究目的、项目时间和经费等进行综合考量。例如，我们的团队对企业用户的商业模式、使用场景等都不太了解，所以我们尽可能进行实地走访收集一手资料，而由于项目时间的限制，对于超出实地调研范围以外的企业，用电话调研的形式来代替。

区分不同用户类型的关键点在于用户使用产品的目标和动机、过去/现在/未来的行为，而不是性别、年龄、地区等人口统计学的特征。调研提纲是根据不同产品的实际情况来设计的，主要包括以下 4 个方面的内容，如图 2-4 所示。

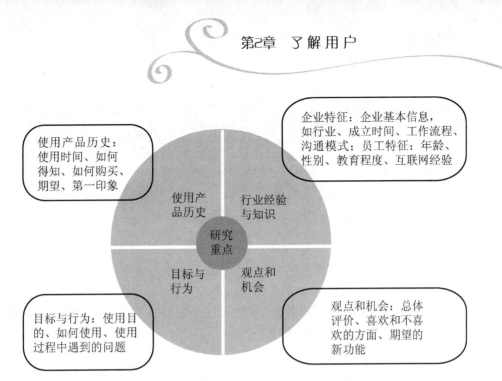

图2-4 用户角色数据收集的4个方面

（2）亲和图（Affinity Diagram）。亲和图是把大量收集到的事实、意见或构思等定性资料，按其相近性进行归纳整理的一种方法。

通过前面阶段的数据收集，我们收集到了大量数据，如何在数据分析的过程中让多人参与，又不会遗漏数据呢？此时使用亲和图就非常合适，该方法的优势在于让大量定性信息的分析过程可视化，便于大家协同工作和统一认识，同时，产出的亲和图可以方便地作为下阶段讨论的数据依据。

首先，用户研究工程师将收集到的关键信息做成卡片，然后邀请相关同事参与亲和图的制作和讨论过程。参与亲和图制作的人最好参与了之前的数据收集过程，同时人数控制在3人以内。人数过多，会在达成一致意见时耗费过多时间。一张卡片上只写一条信息，内容包括人＋目标/行为/遇到的问题。例如，C06 U01是对被访企业和用户的编号，方便我们查阅原始记录。为了方便记忆，也可以将企业名字直接写在卡片上，如图2-5所示。

> C06 U01
>
> 招生老师通过QQ和电话接待学生的咨询和处理学生的报名工作，通过QQ群向开班的学生发布课程通知

图2-5 用以制作亲和图的卡片

在开始进行卡片整理之前，首先，我们可以凭借印象，假设几种用户类型和他们的特点，在墙上将类似或相关的卡片贴在一起，再对每组卡片进行描述，描述写在不同颜色的便利贴上。其次，继续进行更高层次的汇总，同时移动或重新组织，直到形成最终的亲和图。这里有一个经验可以分享，企业或个人的基本信息不用做成卡片，可以打印出来人手一份，在讨论和分组的时候作为参考即可。最后，形成的亲和图如图2-6所示。

图2-6 完成的亲和图

（3）用户角色框架。通过亲和图，我们已经确定了几种企业类型，以及企业中的个人用户类型。下面我们可以将这些企业和个人的重要特征描述出来，形成用户角色框架。在这个步骤，我们不需要加入描述性的细节，只需要将重点内容罗列出来；基本信息可以用范围来描述，如员工数可以写成"20人以下"，具体人数可以在用户角色中进行定义。

这个步骤的目的主要是在最终用户角色输出之前，迅速地和团队其他人进行讨论，并收集反馈，如图2-7所示。

企业A——推广需求型
- 主要针对个人用户的电子商务型企业
- 业务流程简单，客户网上自行完成
- 客服为单一的对外在线沟通角色
- 对企业推广的需求大
- 大部分客户群是QQ用户

企业目标：
- 提供客户常用的企业联系方式
- 方便与客户沟通
- 精准营销

公司基本信息：
- 公司地点：
- 成立时间：1年以下
- 员工数：20人以下
- 办公地点：某小区
- 网络：居民宽带

关注点：
- 稳定友好的沟通工具，方便对内、对外沟通
- 好友上限、精准性
- 与公司后台系统的无缝结合
- 能简单评估客服工作最好

经营状况：
- 营业额/利润：100～200W
- 网络推广投入：1W左右
- 网络推广方式：搜索引擎、专业网站

图2-7 用户角色框架

（4）优先级排列。下面要做的就是和产品、市场及各组领导一起完成用户角色的优先级排序工作。确定用户角色优先级时，主要从以下几个方面来考虑。

① 使用频率。

② 市场大小。

③ 收益的潜力。

④ 竞争优势/策略等。

（5）用户角色。这里主要是完善用户角色。我们需要做的事情如下。

① 结合真实的数据，选择典型特征加入到用户角色中。

② 加入描述性的元素和场景描述，让用户角色更加丰满和真实。

③ 将用户角色框架中的范围和抽象的描述具体化，如将员工数"20人以下"改成"15人"。

④ 让用户角色容易记忆，如用名字、标志性语言、几条简单的关键特征描述，都可以减轻读者的记忆负担。

2.3 基于用户来设计构思方案

1. 设计师为什么要深入了解用户需求

我们都很清楚用户研究的价值，但是设计师为什么要自己做用户研究挖掘需求呢？设计师是应该在自己的工位上等待一份对于用户需求研究的书面分析还是应该自己对这部分工作亲力亲为？亲自参与对用户的研究与分析对于设计究竟是本职工作还是额外的劳动呢？对于设计师而言，参与甚至主导对用户的需求分析是绝对必要的。

（1）对用户的需求分析是做好本职工作的入门课。

网络有一篇文章，其作者主张先做行业专家，然后才有资本做体验专家。设计师首先要具备一定用户体验领域的专业知识，再加上对行业的用户行为、行业规则、行业特点的深度了解，才算具备产品体验设计师的基本条件。总之，我们要先把自己打造成行业的专家或者至少是资深用户，才能开始所谓的交互性研究。例如，设计视频站点的时候，设计师应是豆瓣的忠实用户，设计搜索方面站点的时候，设计师就变为 Google 的热情粉丝，贴近用户深入持久地了解这个行业是我们的入门课。即便在用户研究团队介入的情况下，设计师依然需要关注和参与整个研究的过程。

（2）对用户的需求分析使设计师关注大交互。

不要先入为主，不要陷入细节。如果只是抱着"MRD""PRD"[①] 依葫芦画瓢，那么我们就只会专注于交互方式是否优异，控件使用的是否正确这样的交互细节。并不是说细节不重要，只是如果产品的功能设定有问题，那么细节处理的再精妙也是舍本求末、缘木求鱼，因为那不是用户需要的。关注用户、关注行业可以在不经意中把我们的注意力转移到产品的大交互上来。

（3）对用户需求分析能够提升设计师的专业技能。

学习任何与设计相关的课程时，我们都有市场调研课程。在做设计的过程中，前期调研也是一个必经环节。掌握独立研究的方法和流程，可以帮助我们更有效地开展工作。而且方法是通用的，即便不是设计师，学会了也会很受益。

---

① MRD（Market Requirements Document，市场需求文档）的主要功能是描述什么功能和特点的产品（包含产品版本）可以在市场上取得成功。

PRD（Product Requirement Document，产品需求文档）是将商业需求文档（BRD）和市场需求文档用更加专业的语言进行描述。

2. 设计师了解用户需求有什么意义

1）对于项目

要保证项目顺利进行，交互和视觉设计能够更好地表达产品意图，我们需要对这个产品有个了解，不能望文生义。可以帮助验证产品的规划和功能点是否与用户的需求有太大的差异，及时调整产品。

即便所得研究结果与规划的内容一致，我们所做的工作也不是徒劳的，可以让团队对将要做的事抱有强烈的认同感和使命感。

2）对于产品

摸清产品的底线，抓住基础需求，改善基础体验，才能降低用户的门槛，有利于项目、产品的可持续发展。

许多公司的设计师们大都身兼数条产品线，每天都是多任务处理，需要对自己的产品有很深入的认识，开发亦然。例如，物流产品的前端开发工程师一年更换了 5 人，如果工作量大，则他们只能按照设计师的描述去编写代码，因为没有时间了解业务。不同的 PD 规划了不同的方向，不同的设计师设计了不同的风格，不同的开发人员写了不同的代码，致使产品不能持续发展，严重影响了用户体验。如果设计师可以持续跟踪用户的需求变化，并形成文档记录，那么一来方便了自己对产品的理解，二来降低了其他人的学习成本，即便换了设计师也能把产品的原主旨贯彻下去。

3）对于资源

在没有用户研究团队支援的情况下，通过快捷、便利的方法，独立研究，产生结论，无疑是节约资源的最佳办法。

3. 我们要做的是什么

如果将用户需求分析只停留在嘴上，那么这也就成为了一种美好的愿景。设计与艺术都是富有创造性的，但它们的本质区别在于设计是为了解决问题而创造的。设计师的任务是把一个抽象的概念变成一个具体的、可用的产品。设计师和项目经理工作范畴的交集地带就是战略层和范围层。针对某些大的项目，我们可能只参与全局中的一部分，所以范围层（功能和内容）与我们走的更近。我们要关注以下内容。

用户体验要素——产品开发流程——关注点

表现层 ——视觉设计 ——装扮

框架层 ——信息组织、导航、界面布局——血肉

结构层 ——信息架构 ——骨架

范围层 ——功能组合、内容需求——轮廓

战略层 ——用户需求、商业需求——基因

设计师的研究可以产出哪些交付物呢？

① 人物角色——给谁做。

② 用户需求清单——做什么。

③ 重要性排序——先做什么。

④ 风险点清单——不做什么。

⑤ 产品设计建议——怎么做。

课 后 习 题

（1）以为老年人设计的手机用户界面为例，对用户进行研究，建立角色模型，并确定手机用户界面的基本框架。

（2）研究并分析 3 种常用邮箱（网易邮箱、QQ 邮箱、新浪邮箱）在用户体验方面的差异性，并讨论目前哪种邮箱的使用频率在上升，原因是什么。

第 3 章

信息可视化

教学目标

（1）了解什么是信息可视化。
（2）了解信息可视化在交互设计中的应用。
（3）了解信息可视化的原则。

导入案例

图 3-1 是常见的数据表格的示例，你能够很快看出这些数据间的关系吗？

有什么方式能让用户更迅速、更轻松地了解隐藏在这些数据中的含义呢？下面主要介绍将纯粹的数据信息转为可视化的信息，也就是所谓的"信息可视化"。

塔防西游记											
年度收入合计											3,959
产品收入（千元）	528	348	311	303	302	302	302	302	302	320	320	320
月度新增用户（千）	220	100	100	100	100	100	100	100	100	100	100	100
月度活跃用户流失率	80%	80%	80%	80%	80%	80%	80%	80%	80%	80%	80%	80%
月度留存用户（千）	0	44	29	26	25	25	25	25	25	25	25	25
月度流失用户回流率	2%	2%	2%	2%	2%	2%	2%	2%	2%	2%	2%	2%
月度回流用户（千）	0.00	0.88	0.58	0.52	0.51	0.50	0.50	0.50	0.50	0.50	0.50	0.50
月度活跃用户数（千）	220	145	130	126	126	126	126	126	126	126	126	126
月度付费渗透率	3%	3%	3%	3%	3%	3%	3%	3%	3%	3%	3%	3%
月度付费用户（千）	6.6	4.3	3.9	3.8	3.8	3.8	3.8	3.8	3.8	3.8	3.8	3.8
月度付费用户ARPU值（元）	80	80	80	80	80	80	80	80	80	85	85	85
月收入（千元）	528.00	347.71	310.93	303.43	301.90	301.59	301.52	301.51	301.51	320.35	320.35	320.35

图 3-1　数据表示例

3.1　信息可视化概述

有人说，互联网的本质是信息的传递。而如何让信息的传递更加有效、更加人性化则是交互设计师的工作范畴。本章将讲解什么是信息可视化（Information Visualization），信息可视化和人机界面交互设计的关系。

3.1.1 信息可视化的概念

信息可视化是一个跨学科领域，旨在研究大规模非数值型信息资源的视觉呈现，如软件系统中众多的文件或者一行行的程序代码，以及利用图形图像方面的技术与方法，帮助人们理解和分析数据。与科学可视化相比，信息可视化侧重于抽象数据集，如非结构化文本或者高维空间当中的点（这些点并不具有固有的二维或三维几何结构）。

注意区分"信息可视化"和"科学可视化"的概念。在一些书籍中，这两类可视化设计都是未经过区分的。

科学可视化处理的数据具有天然几何结构，如图3-2所示。

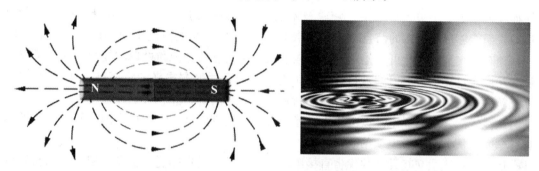

图3-2 "科学可视化"示例

有一种科学可视化相信读者都"设计"过，即高中时的"磁感线"、"电场线"。这些"线"是肉眼不可见的（实际上也不存在），但是为了理论研究，我们将其可视化。

空气的流动，人眼是不可见的。在科学研究中，通过某些手段将看不见的气体流动可视化，以帮助进行模拟实验或者理论研究。

这一类可视化统称为科学可视化，是一个专门的研究领域，不属于信息可视化研究范畴。

"信息可视化"处理的数据更为抽象，如图3-3所示。

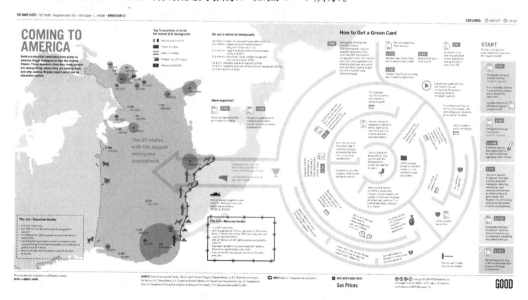

图3-3 信息可视化示例

柱状图、趋势图、流程图、UML图、树状图都属于信息可视化，这些图形的设计都将"抽象"的概念转化成了可视化信息。

如今，信息可视化已发展成为研究教学与发展的热门领域，是结合了科学与信息形象化的综合领域。今天的信息世界，信息爆炸（怎样组织它们？），信息超载（怎样理解它们？），所有信息是相互关联的（怎样介入它们？），知识淹没在信息中（怎么发现知识？），怎样展现各种形式的信息来帮助人们探索信息？

3.1.2 信息可视化应用

信息开始只是一条条原始数据。图表的出现是一大进步，是图形化的开始，其目标是使抽象数据更易于被人们理解。随着技术的进步、网络的发展，各种复杂的图形不断出现，它们能够呈现更多的信息，有助于帮助人们分析、发现信息中隐含的问题。而实时的、动态的交互式视觉可视化形式，增强了人们对信息的分析和处理的能力。人们可以通过交互操作，自主地对信息进行过滤、筛选，采用合适的方式来浏览信息，并发现规律，寻找解决问题的方法。在 NSF 的报告《科学计算中的视觉化》中，"可视化"首次作为一种组织性的次领域被提出。该文认为它是一种能够处理大量科学数据集的工具，并能够提高科学家们从数据中发现现象的能力。

信息可视化中交互设计的优劣直接影响操作结果和用户感受。信息可视化中的交互设计包括两大部分：一部分是数字自交互，另一部分是人机交互。本书重在探讨人机交互。人机交互设计要达到两个阶段的目标，一是可用性目标；二是用户体验目标。前者是基本的功能实现，后者是能给用户带来舒适和谐的操作体验。

要在信息可视化中实现这两个目标，要求工程师与设计师共同合作。一方面，需要对数据的结构、特征有充分的理解；另一方面，需要正确理解用户，满足用户的需要。在数据转化的算法开发中，工程师们往往能够找到独特的算法，从而得到有趣的图形界面。这种新颖的界面，虽然能够体现数据的关系、结构及实现的细节，但是不能被用户很好地接受。事实上，用户不需要知道数据转换中的实现细节或者系统内部的工作机制，就能操作交互界面。用户会自我创建一种简洁的解释方式，来完成对界面的理解。这就是用户心智模型。只有当表现模型和用户模型之间相互匹配时，这样的交互界面才是简单易用、以人为本的界面。建立了良好的心智模型界面，还需要注意其他的交互方面，如设置便捷的工具，自然的操作方式，提供反馈或建议，引导用户等。只有一个细节完善的交互设计，才能提供给用户和谐的操作体验，让用户在使用中达到"流"的状态——用户能够全身心地关注某种活动，而不受到外界的干扰。

3.2 信息可视化与交互设计

3.2.1 信息可视化原则

信息可视化包含两个过程：一是将数据转化成视觉图形；二是通过人机交互，用户控制转化过程的各个阶段以获取信息。因此，信息可视化中的交互设计应该从原始数据的转换开始，并贯穿于视觉转换、用户操作的全过程。设计时应注意以下几点。

1. 对原始数据进行筛选

由于信息庞大，毫无保留地将全部信息呈现给用户是不合理的。应当根据设计目的，挑选最具代表的部分，同时，保留一个途径以便于用户访问更深层次的信息。这映射在视觉表现形式上，则是对空间的合理利用，即如何在有限的空间里显示无限的信息。例如Infosthetics 论坛 5 周年页面，如图 3-4 所示。

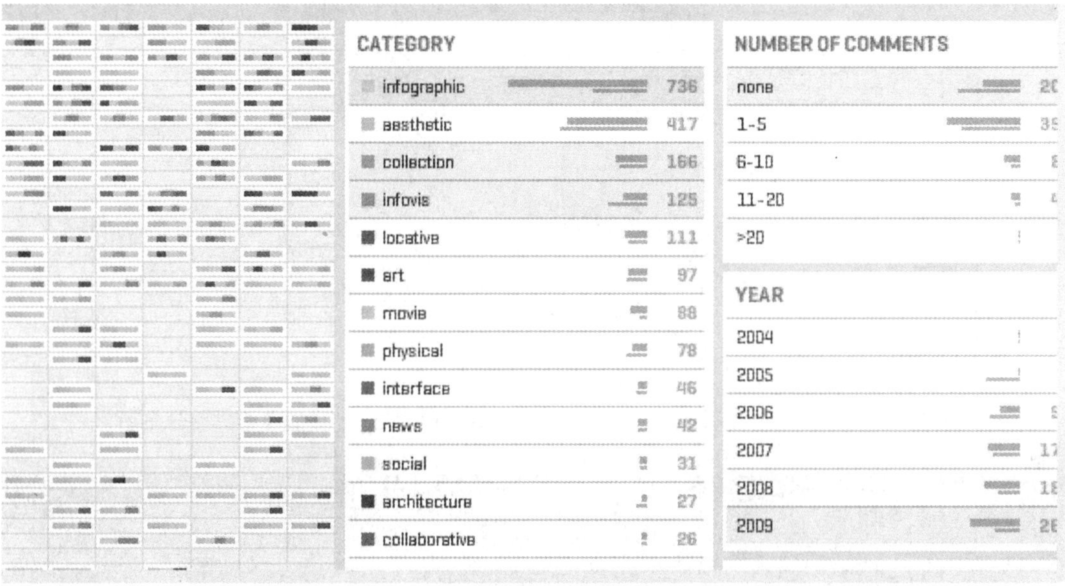

图 3-4　Infosthetics 论坛 5 周年页面

在 Infosthetics 论坛 5 周年庆生之际，设计师将总共约 2000 个项目放在同一个页面中按多重维度进行筛选查找。左侧的每一个小块代表一个项目，并赋予几个与右侧类别属性对应的颜色。单击右侧的类别、回复数、年份可进行多维度筛选。单击几次，即从近 2000 条数据中筛选出感兴趣的内容。通过减少搜索，以较少的空间表现大量的数据，间接提高了用户的信息获取效率。

2. 寻找合乎用户心智模型的视觉呈现形式

工程师开发的算法可以获得新颖的视觉形式，但只有合乎用户心智的形式才是最自然的。图 3-5 是 The New York Times 上关于 Netflix. com 所有 DVD 在各地区的租售热度分布图。通过顶部滑动条可以从租售量选择不同 DVD 并查看业绩。区域热租度已成为除了票房或 IMDb 评分之外的另一大推荐指数，如图 3-5 所示。

3. 信息元素的正确表示

信息是抽象的，因此每条信息都应该有一个最能够代表其含义的视觉元素来表示它。可以采用简单的几何图形，也可以采用图标，甚至照片来表示。如青蛙设计公司开发的 Rethink 的学习软件。这是一个由各个学科相互间的关系构造出来的知识树，每个方块都是一门学科。为了使含义明确，青蛙设计公司用一幅经典的照片来表示各学科，如图 3-6 所示。

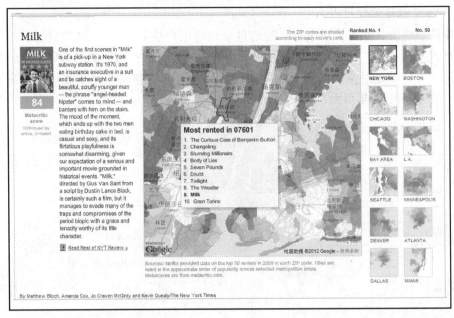

图 3-5　Newyork Times 上关于 Netflix.com 所有 DVD 在各地区的租售热度分布图

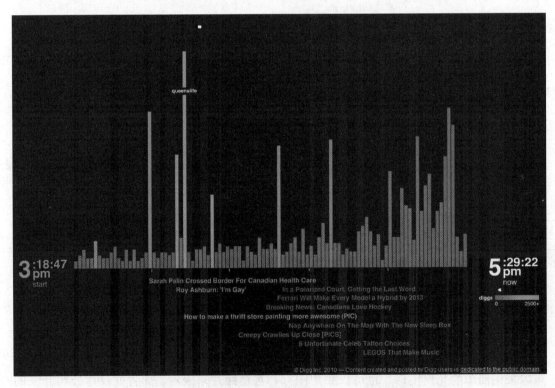

图 3-6　青蛙设计公司开发的 Rethink 学习软件

4. 清晰简洁的传达信息

信息是抽象的，但图像却是具体的。用具体的手段来表示抽象的信息是信息可视化的核心诉求。图像可以用来传达信息的因素很多，包括颜色、大小、位置、形态等等。如何用这些因素既简洁又清晰的传达信息就是设计师需要思考的问题了。Visualization of Stamen Design Studio 设计的信息系统"Digg Stack"可以形象的显示出论坛中帖子的情况。即时显示 100 个帖子的回复、挖掘状况。代表"回复"的小块会实时下落堆积起高度。颜色的明亮程度对应 digg 数量。点击打开详情显示：0 轴以上为 digg 数，以下为回复数，如图 3-6 所示。

5. 提供给用户多种选择

好的信息可视化形式能够让用户根据自己的情况做出选择。例如，百度地图提供给用户查询驾车、公交多种出行模式的选择，在公交出行的模式下提供较快捷、少步行和少换乘的选择，使用户能够根据自己的需要进行选择，如图 3-7 所示。

图 3-7 百度地图

3.2.2 信息可视化与隐喻

界面隐喻(Metaphor)指以现实世界上已经存在的事物为蓝本，通过对界面组织和交互方式的比拟，将人们对这些事物的知识(如与这些事物进行交互的技能)运用到人机界面中来，从而减少用户必需的认知和努力。界面隐喻是指导用户界面设计和实现的基本思想。信息可视化的实现离不开隐喻，下面就来看看隐喻在交互设计中的应用。

在 1996 年发布的 OS/2 Warp 4 中，界面隐喻采用办公的桌面为蓝本，把图标放在屏幕上，用户不用键入命令只受用鼠标选择图标就能弹出一个菜单，用户可以选择想要的选项。随后 3D 图标成为主流。虽然那时只有 16 色，一些图标解读还有些问题，但其中的一些隐喻很独特，如图 3-8 所示。

1. 隐喻在图形界面设计应用中产生的基础

1) 技术制约的解放

理想的界面交互模式是"用户自由"、"利用人的日常技能进行"，强调无需特别训练或不需要训练。人从日常环境走向计算环境时原本具有的技能便是所谓的"日常技能"。

(a) Desktop　　(b) Applications　　(c) Trash Can

图 3-8　1996 年发布的 OS/2 Warp 4 中的图标

旧式的文本界面(Text Interface)，如 DOS 系统，主要以键盘为输入端，以文字输入命令(Command)。对于早期的"纯粹"的计算机问题和为数极少的计算机专家而言，命令语言及程序语言界面是足够的。但是当计算机大量应用于 CAD/CAM、字处理、MIS 等非数值计算领域之后，需要进行大量几何的、空间的、非数值的、非符号的信息处理技术，此时界面的复杂性、抽象性，对记忆负荷要求等限制了计算机应用的深入和普及。1970 年，苹果公司率先开发了具有直观显示操作特性的图形操作界面系统，即 Apple Macintosh，随后 IBM 进一步发展和微软公司直接操纵、图形表征的用户界面技术的迅速推广，使得视窗化的操作界面在现在已深入人心，用户操作计算机的困难度大大降低。这是计算机操作界面设计的一大飞跃。

2) 用户认知心理

从认知心理学上讲，在日常生活中，人们往往参照对熟知的、有形体的、具体的事物的感知经验来认知、思维、经历和理解那些无形的、难以定义的抽象概念，并根据不同的熟知概念之间的结构关系，以隐喻性的思维方式完成对目标域抽象概念结构关系的构建和理解。这种隐喻性的思维方式是基于熟知事物与陌生抽象概念之间的联想。界面设计的依据建立在认知理论基础之上。GUI 通常的特征是窗口化(Windows)、图标化(Icons)、菜单化(Menu)和按键化(Push-Buttons)，其深层意义是对应人类认知模型的行动控制方式，解决的是视觉呈现与行为模型的一致关系。例如，窗口、菜单形式对应人类认知过程中信息的逻辑组织结构；按键对应行动中的执行-回应模型；图标的抽象符号既可表意，又可以引发想象，激发使用兴趣等。

3) 信息社会对情感的需求

19 世纪末出现的现代主义的"形式追随功能"通过损失产品的内涵将目光聚焦在了产品形态的物理的功能属性上，使用者的心理和社会文化相关的内涵意义被忽略了。现代主义通过排斥多元丰富的形式语汇，运用高度简化和一致性的功能性形式语汇，使产品变得千篇一律。

自 20 世纪 90 年代以后，人类社会发展到信息时代，物质层次的需要已然不是最主要的需求，人们的主观感受越来越强烈，人与人互动减少人机互动增多，情感的需求更加强烈。设计中开始倾向于重视人的情感因素，以期找到更准确与明晰的语义来加强使用者与产品之间的沟通，从而引发使用者对产品的亲切感、信任感等积极意义的体验情感；同时，想要借助符号的象征意义展现界面的深层内涵，以弥补现代主义设计造成的文化内涵的缺失。

2. 隐喻应用在界面设计中的益处

1) 隐喻传达操作功能

界面设计的图形化发展表明图像形式本身可以传达出意义，合理地设计可以方便使用者的认知和操作。设计师可以运用隐喻,通过寻找恰当的符号载体和这一功能特性联系起来,使抽象的功能意义以我们更为熟悉的方式呈现。Mac 刻录软件 Roxio Toast 算得上图标历史上最杰出的隐喻之一,烤面包机更能诠释刻录软件的"刻录"功能,如图 3-9所示。

2)情感引导

界面体现的是一种视觉样式,也可能是一种使用方式。有着丰富隐喻的界面本身就不再是中性的,而是有性格、有情感的,能让人感受到意象,能感觉到情趣。隐喻所提供的比较,不仅强调了最初情境中的某些外观性质,而且使之充满了后来情景中的意味。在隐喻里,通过共同特征的桥梁连接起来"宇宙"间的联系,每一种视觉式样,不管它们是一幅绘画、一座建筑、一种装饰或者一把椅子,

图 3-9 Mac 刻录软件 Roxio Toast 的图标

都可以被看作一种陈述,它们都能在不同程度上对人类存在的本质做出说明,展示设计者的一个特征。运用这种方式,隐喻成为一种表现情感的手段。

3. 隐喻对图形界面设计的提示

1)用户理解的多样性考量

与隐喻的理解联系在一起的是理解的多义性。每个人所能领略到的隐喻的境界都是个人的性格、情趣和经验的写照,而每个人的性格、情趣和经验都是彼此不同的;隐喻的基础是文化,文化结构的相似程度决定了理解的难易,某些区域和地方文化如果相似性很小,就不可避免地存在难以理解的问题。在互联网快速发展的今天,界面成为大众的交流平台。界面的可读性、认知性不可避免地受到全球多民族文化背景的"审判"。界面设计者应尽量针对用户具体特征创造出适合绝大多数人普遍理解的图形符号。

2)用户期待"可接受的创新"

接受美学提出的"审美经验期待视界"在艺术接受中表现为相互矛盾的两种趋势:定向期待与创新期待。一方面,接受者会自觉地把艺术与生活加以对照,定向地选择熟知的事物;另一方面,接受者的期待与新作品间应当有一个适度的审美距离,作品应使接受者超出其原有的期待视野。也就是说,如果艺术作品让接受者感觉太"情理之中",便会索然无味。接受者更期望看到"意料之外"的作品。但是,作品又不能过分超前,不能让读者的期待视野处于绝对陌生的状态,这又会使读者难以接受。现代人长期的计算机操作容易产生视觉疲劳,需要新颖的界面吸引注意。然而,界面的图形设计认知功能是第一位的,要求快速捕捉认知,避免使用者花太多时间玩味。这就要求界面设计师要把握好隐喻的程度,合理的创新。当界面上布满华丽的、难理解的图标时,就有可能迫使用户的注意力转移到图标而不是其所要处理的任务上。

3)语境的重要性

狄尔泰说:"整体只有通过理解它的部分才能得到理解,而对部分的理解又只能通过对整体的理解。"隐喻在语言学中强调符号的使用情景——语境(Context)。任何物体都不是孤立地出现在人类的生活场景中的,而是存在和其他事物的联系,包括周围事物、生活场景、自然环境,以及更广泛的历史文化脉络。文脉的不同导致解读者对相同的符码产生不同的兴趣,引起不同联想,从而产生不同的期望值。设计师需要设身处地地考虑放在什

么样的使用环境中，并且整体界面采用相似的语境设计。

课 后 习 题

　　图 3－10 所示为 2010 年各电子商务网站在各地所占的市场份额，请用可视化方式来描述下面这组数据的主要信息。

	京沪穗深	东部城市	中部城市	西部城市	30 城市总体	全国
淘宝网	62.1%	76.0%	70.1%	80.1%	70.8%	74.2%
京东商城	7.8%	2.7%	2.1%	2.6%	4.3%	2.8%
拍拍	1.9%	3.4%	6.3%	3.4%	3.4%	4.2%
当当网	2.8%	1.4%	2.0%	1.4%	2.0%	0.6%
亚马逊	2.1%	0.9%	1.2%	1.2%	1.4%	0.5%
凡客诚品	1.9%	0.9%	1.3%	1.0%	1.3%	0.5%
麦网	1.0%	0.5%	0.3%	0.2%	0.6%	0.2%
其他购物网站	20.4%	14.2%	16.7%	10.0%	16.2%	17.0%
合计	100.0%	100.0%	100.0%	100.0%	100.0%	100.0%

图 3－10　2010 年各电子商务网站在各地所占的市场份额

第4章

交互设计中的解决之道

教学目标

对交互设计中的引导、易用、反馈、视觉化这几个问题进行系统分析和解决。

导入案例

作为用户或设计师，我们在使用软件产品或设计软件产品的过程中都产生过这样那样的问题，除了图4-1所示的问题，你还能够列举哪些在使用计算机、智能手机时或在用户界面交互设计时遇到的问题吗？

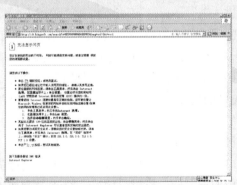

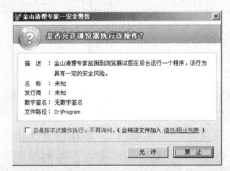

图4-1 软件界面操作中问题举例

本章将为大家总结一些在交互设计中经常遇到的问题及解决问题的方法，希望读者能从中找到自己的解决之道。

我们可以将交互设计中的问题分为以下几个类别：引导、易用、反馈、视觉化。这几个类别大概能够概括我们在交互设计中涉及的所有问题。现在我们就从这几个方面详细地为大家分析和总结。

4.1 引　导

谈到交互中的"引导"，我们首先会想到"新手引导"。所谓"新手引导"是指将产品规则以简单易懂的方式在较短的时间内传达给用户的模块。最简单的新手引导是用文字的形式向用户传达产品的功能及理念。

然而，交互中的"引导"不仅仅只有新手引导，在用户使用计算机的过程中"引导"无处不在，好的"引导"不着痕迹，让整个体验过程流畅舒适，下面介绍"引导"在交互设计中具体的设计法则。

4.1.1　操作入口明确

用户开始使用一个新的软件，或者打开一个新的网页前，就像一个游客站在一幢从未踏足过的建筑一样。这栋建筑可能辉煌宏大，气势非凡，但如果用户不能找到进入建筑的真正入口，那么他就会放弃探索建筑内部真正精彩的部分，所以，我们首先要解决的问题就是"让用户进入"。

我们所说的"操作入口明确"，就是指产品的任何一个功能都要有明确、合理的入口。"操作入口"指的是产品内部不同模块之间的转接元素，如在 Web 产品中，按钮控件、输入框、文字链接等都属于操作入口；"明确"指的是入口的视觉感是清晰的、可识别的；"合理"是指入口的出现是符合用户操作逻辑的、适时的。

操作入口的设计，甚至可以看作"通过对引导方式的优化，间接达到对信息资源的归类"——这很像图书馆中的书类标签管理，用户可以根据不同的标签找到自己想看的书。失败的操作入口所带来的后果往往是灾难性的，功能失效、位置隐蔽、信息干扰……都会给用户带来使用的挫败感。所以，明确、合理的操作入口设计，是对产品"有效性"的保障，更是对用户体验的尊重。

那么，在具体的设计中如何做到"操作入口明确"呢？

1. 强化重点，弱化周边

在充满海量信息的互联网网站中，由信息架构衍生的各类功能入口相当复杂，部署在页面的各个角落，一不留心就被疏漏。通常有两种方法来解决这类问题：一是增加入口数量，即"广撒网"；二是"强化重点，弱化周边"，即在视觉上将入口模块凸显出来，并适当弱化周边的信息展示，加大二者的权重对比，客观上增加用户识别的准确性。第一种做法有很多问题，后面我们会再谈到。这里我们先介绍第二点。

例如，我们最熟悉的 Google 首页就将这一点做到了极致，如图 4-2 所示。

图 4-2 Google 首页

浓郁艺术气息的 LOGO 作为唯一的色彩元素有效地抓住了浏览者的视觉中心，输入栏和按钮作为功能核心占据了页面的心脏位置，这种组合让用户通过第一视觉便能够准确理解页面所表达的信息逻辑——输入关键词＋单击按钮＝搜索结果。Google 首页已经成为了搜索类网页的典范，随后有诸多仿效者，这也从侧面反映出此设计的出色之处。

下面看一个反例，如图 4-3 所示。

图 4-3 某网站软件下载界面

面对这样一个下载页面，面对这样一个抢眼的按钮（标记②）单击之后弹出的却是下载遨游浏览器的对话框。仔细查看，终于发现在华丽的广告旁边有一个毫无特色的"立刻下载"按钮（标记①）。这样的"让贤"让几乎所有的用户产生了误解和操作错误。

2. 入口信息明确、易识别

上面提到，增加入口数量虽然在一定程度上有助于提高功能模块的使用率，但也存在致命的缺陷——入口信息不明确。因为"入口"等同于用户的"选择",入口越多,选择越多,"过多的选择等于没有选择",这势必会造成用户使用产品时的疑惑:这几个链接和按钮好像一样,该选择哪一个呢?所以,要根据页面本身的信息量严格控制同功能入口的数量,保证有效的识别性,让用户迅速找到正确的入口。

以我们熟悉的"支付宝"为例,看看改版前后的细节变化,如图 4-4 所示。

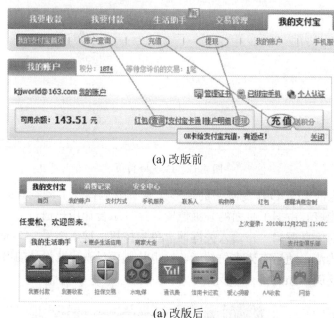

(a) 改版前

(a) 改版后

图 4-4　支付宝改版前后变化

通过对比,我们可以发现,旧版本管理页面中部分相同功能的入口出现了多个,对于新手用户来说,很可能造成不必要的困惑;而在新版本中,每个功能模块只有一个入口,明晰简洁。

另外,对于入口元素本身而言,需要通过适合的展现形式来提示用户此入口的功能属性。例如,一个标准的按钮控件,用户会知道"可以单击",但单击后会发生什么交互行为,需要通过其他视觉元素进行信息提示(如按钮上的文字或者具有标识性的图标),告诉用户当前的情况和可行的操作方案,这点类似生活中的"指示设计"。

图 4-5 是 eBay 首页的注册区,通过按钮文字和辅助文本信息,新手用户能够很清楚地了解这两个按钮代表的意义。

图 4-5　eBay 首页的注册区

3. 根据用户定制合适的入口

交互设计离开用户研究便是闭门造车,在设计产品操作入口的同时,要充分考虑到不同用户的需求。用户划分维度很多，本书前面已经介绍过根据与产品的相关度将其分为"新手用户"、"中间用户"和"专家用户"。这3类用户对产品的了解程度并不一致，操作习惯也大相径庭，若再通过其他维度将其细分（如有无目的、性别年龄等），就会相当复杂，在对产品进行进一步优化时，应当考虑到操作入口对不同用户的适用性。

如图4-6所示，这个游戏为不同的用户定制了不同的入口。

图4-6　LOL游戏入口

这个游戏充分考虑了玩家之间的差异，准备了4个入口，给用户提供了选择。这样的做法既避免了专家用户经历不必要的引导流程，又让新手用户有可以适应的区域。

4.1.2　避免用户迷路

好的软件不会像一个迷宫，让用户随时找不到方位。相反会井井有条，在任何位置用户都能明确"我在哪里？这里有什么？从这里能去哪里？"。"引导"的另一项重要作用就在于让用户"避免迷路"。

人类在避免迷路方面已经有了很多成就，从四大发明中的指南针，到高速公路上各种指使标志都在为我们指引方向。我们不希望迷路，而希望随时都能够知道我们离目的地还有多远，怎样能够离开，怎样能够尽快到达。

我们在网站上会迷路么？答案是肯定的。我们先来了解用户为什么会"迷路"。

（1）不能理解的信息，会造成迷惑。

（2）在没有查询到想要结果的时候，不知道下一步该做什么。

（3）无法回到从前的页面，甚至无法回到首页。

（4）人们因众多的信息而偏离了主要任务。反应过来的时候又找不到任务的起始处。

图4-7中的登录界面，信息的丰富程度毫不逊色于首页，难道设计者的目的，是希望用户放弃"登录"这个主要任务，而去"更重要"的地方吗？

在网站上"迷路"，会带来许多负面影响，如用户体验下降、任务不能完成、用户流失等。我们可以通过良好的导航系统来避免这种情况的发生。好的导航系统可以帮助人们找到在网站中的位置，并帮助他们制定更好的查询策略，增进对内容的理解。

设计师也许会觉得，让用户不要"迷路"是非常简单的事情，只要在所有页面中放入全局导航，使他们能在网站的核心内容之间移动就可以了。

图 4-7　某登录界面

但事实果真如此吗？全局导航也许能帮助用户了解网站的核心内容，但在具体的任务中，如在图 4-8 所示的淘宝网全局导航中，如果将其放入挑选商品或支付的页面中，则非但不能指引用户，还会干扰任务的完成。

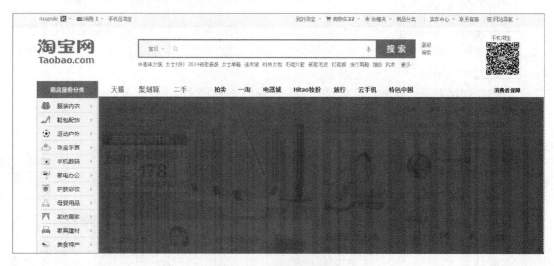

图 4-8　淘宝网全局导航

那么，我们应该怎样做，才能保证用户不在网站中"迷路"呢？

1. 帮助用户确定"当前位置"

如果有人给我们打电话问路，我们经常问的第一句是"你现在哪里？"定位是如此重要，即便是对现实世界的我们，了解自身当前位置也是避免迷路的第一步。与现实世界不同的是，在网络世界中没有南北之分，也没有地理位置，我们必须利用导航系统的各种因素，来为用户创造可以判断当前位置的情景。

1）让用户随时知道自己在浏览什么网站

这是设计师经常忽略的一点。"用户肯定知道自己在看什么"，这是设计师的主观想法，在搜索、链接都无比丰富的今天，用户不知道自己在看什么是非常正常的。所以我们首先要做的就是将组织的名称、标识和身份识别图放进网站的所有页面中。

2）网页细节体现

不要忽略细节的威力。我们可以通过页面内的标题、文字，向用户传递当前位置的信息。浏览器的标题和 URL 也是用户进行判断的依据。当前导航选项的高亮状态也是常用的方式。

3）面包屑导航

面包屑导航(Breadcrumb Navigation)概念来自一则格林童话，迷路的孩子们发现在沿途走过的地方都撒下了面包屑，这些面包屑可以帮助他们找到回家的路。所以，面包屑导航的作用是告诉访问者他们目前在网站中的位置及如何返回。图 4-9 所示为面包屑导航的范例。

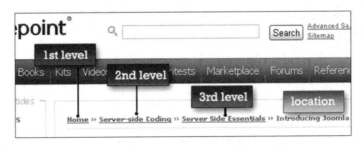

图4-9　面包屑导航范例

面包屑导航也是标明当前网站位置的好工具。此外，"面包屑"还能传递网站的结构信息，以及记录用户的访问足迹。

4）逃生舱模式

逃生舱模式也是帮助用户确定当前位置的一种方法，即在网站的所有页面上设置统一的出口，无论什么时候单击这里，都可以回到首页。大部分网站都把"逃生舱"设置在网站 LOGO 上。我们能做得更好，如不仅仅是回到首页，还可以回到从前看过的页面、到可能感兴趣的页面等。

2. 根据用户需求，确定导航机制

当我们浏览的是电子商务网站时，我们也许会问"我该如何找到想要的产品信息？"；如果我浏览的是团购网站，我们也许会问"我们怎么找到附近的团购信息？"。

用户的需求决定了应当放置何种导航链接。在不同类型的页面，用户所产生的问题不尽相同。我们需要预测这些问题，然后在设计导航的时候，问自己同样的问题。

我们所要做的，并不是想出所有可能发生的问题，相应的，也不可能把所有问题的答案都放入页面中。这时，人物角色和场景将发挥重要的作用。对于不同的页面，要弄清楚每个用户角色要去哪里，放置他们最需要的导航。例如，该人物角色需要随时从一个栏目跳转到另一个栏目吗？如果是，则要保证顶级栏目的链接一直可用。

一旦确定了用户想要到达的栏目，就要思考达到这一目标所需要的最简单、最容易的方案。如在上图中，也许人物角色需要的只是一个"下一组"链接。

3. 通过压力测试检验页面的导航能力

可从以下几点测试页面的导航能力。

（1）随机从网站上选择一个页面。

（2）把这个页面打印成黑白的，并把页面头部的浏览器地址栏和下面的版权及公司信息部分去掉。

（3）交给从未浏览过此网站的某人，并试图回答下面的问题（详见下列问题列表）。

（4）在一张纸上写下所想的问题答案。

问题列表如下。

① 这个页面是写什么内容的？在页面的标题处画一个方形或在纸上写清楚。

② 这是个什么样的网站？把网站的名称圈起来，或者自己写在纸上。

③ 这个网站主要的板块是什么？用 X 标识。

④ 这个页面中主要的板块是什么？用三角形围着 X 来标识。

⑤ 怎样到达这个网站的首页？用 H 标识。

⑥ 怎样才能到达网站的顶部？用 T 标识。

⑦ 每一组链接分别代表什么？把页面上的主要链接圈出来，并写下标识。

D：用来标识更多，详细介绍及这个版块的子页面等。

N：在同一板块的其他相邻页面。

S：在同一网站上但不相邻的页面。

O：离开这个网站的页面。

⑧ 通过什么路径可到达这个页面？请写出自己到达这个页面的路径，选择 1＞选择 2＞选择 3…

让团队的其他成员或熟悉网站的朋友也做同一试验，大家像跳伞一样进入网站中的任意一个页面，然后把回答记在纸上，即可看出导航存在的问题。

4.2 易　用

4.2.1　一次点击

去学校旁边的小吃店吃饭，需要先排队买票，然后把票给一个服务员，再领取一个号牌，然后在座位上等待上餐。整个过程中服务员的态度很好，但是我们仍然会觉得很麻烦。其实日常生活中的很多事情的过程都很烦琐，工作人员说这些是应该的，可应该不应该，评判标准是什么呢？

交互设计的一个很重要的目的就是让用户方便快捷地执行任务和完成工作。在互联网产品的交互设计中，要尽可能地消除每一个附加工作，做到尽可能一次操作完成任务。

我们所说的一次操作是一个概念，并不是完成任务只能点击一次，而是尽可能减少用户的操作次数，使之提高工作效率。

交互产品经常包括一些不必要的、具有繁重工作量的交互，对于用户而言，这些就是附加工作，附加工作不直接实现目标，但对于实现目标是有用因素。附加工作会消耗用户的精力，而不是直接实现用户的目标，如果能够消除附加任务，就能让用户效率、生产率更高，并且能够改善软件的可用性。作为一个交互设计者，应该对附加工作的存在非常敏感，用户界面中附加工作的存在是造成用户不满的首要原因，因此每一个设计者都应关注各种形式的交互附加工作。

那么，如何减少用户的附加工作，保证用户的工作效率呢？

1. 保证主操作及用户常用功能的方便展现

这是用户快速完成任务的核心，如播放器需要突出播放按钮，而收起快进功能；Photoshop。的滤镜里会第一个展示出用户上次应用过的滤镜效果，方便再次应用等。

2. 合适地关闭与隐藏新手培训工具

用户不会长期停留在新手状态，所以新手用户的任务对于中间用户和高级用户来说就是附加工作，需要关闭或者隐藏。

3. 平衡好视觉装饰元素对用户操作的干扰

适度的装饰性元素会有助于创造特殊情绪、氛围、产品个性，便于品牌记忆。但是过度的装饰会干扰用户的工作，因为用户不得不分析、破解，以区分哪些是关键信息、操作功能等。

这点对交互设计师尤为重要，视觉设计在缺乏系统的用户交互行为认知的情况下，很容易使设计浮于表面，从而吸引用户后又让用户不明白如何方便地应用，这也是产品设计和广告设计的根本区别。

4. 不要轻易打断用户操作流

用户高效地使用工具会进入一种自然流的状态，这个时候需要一些努力才能打断，如电话突然响了。错误的消息对话框就是如此。一些打断是不可避免的，但另一些则不是必要的。

5. 改善导航

更好的利用导航将保证用户的任务操作，明晰导航里将详细讲述。

下面讲一个关于不要轻易打断用户操作例子：

在 windows xp 系统中，用户点击关机后，会弹出一个提示窗口，一定要用户再次确认下关机，这对用户快速关机存在着强行的打扰，很多人甚至按机箱按钮强行关机（非常不好的做法）。

在 vista 之后，终于可以一键关机，并把以前弹出框里的功能收起（非常用功能），vista 还是保留了两个按钮：关机和锁定，而且是图标显示。在 win7 中，只保留了关机，其他都收起，并且关机按钮使用文字，更加清晰了用户操作的思路，如图 4-10 所示。

提高用户的效率，就是在这些常用操作上改善的。

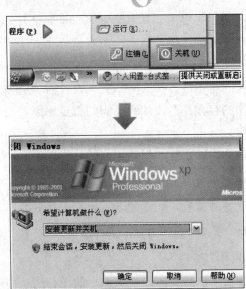

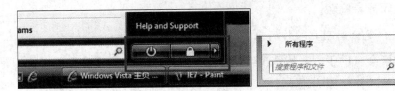

图 4-10 windows xp、vista 和 Win 7 的关机

4.2.2 减少记忆负担

一般，短时记忆只能保持 20s 左右，最长不超过 1min。在这么短的时间内我们能储存多少信息呢？答案是 7±2(即 5～9)个项目，平均为 7 个项目。这是美国心理学家约翰·米勒在其论文《魔力之七》中证实的。这个 7 指什么呢？是 7 个数字，还是 7 个人名，或是 7 件东西？其实都可以。根据一般人的短时记忆存储规律，我们把产品给用户带来的记忆挑战或困难称为记忆负担。

这里分为如下两种负担。

(1) 产品给与用户的记忆负担，包括产品的内容信息、操作功能等。

(2) 用户自己的记忆负担，包括自己的个人信息、安全问题的答案、输入内容、上次操作行为、操作流程等。

人在短时间内的注意力是集中和少量的，基于识别的用户界面在很大程度上依赖于用户所关心对象的可见性，显示太多的对象和属性会让用户很难找到感兴趣的对象。

用户不喜欢重复性输入一些信息，如个人账号、安全信息、操作习惯、上次的操作行为等，这些工作占用了用户完成其他重要任务的时间。

如何减轻用户的记忆负担呢？

1. 使用常用的交互方式和文案

美国科学家研究发现，大脑会"优待"较常用的记忆内容和操作形式，有意抑制那些相似但不常用的内容，以便减轻认知负担，防止混淆。从某种程度上来说，习惯就是一种"熟知记忆"。可以不出现的内容尽量不出现，如果一下要出现也要用最简洁的方式出现。

图4-11所示为某银行网站上的流程说明，很多专业词汇和不必记住的内容。既然是需要线下办理的流程，不如用最常用的交互方式和文案来说明，如到银行网点办理，具体过程银行职员会详细说明。

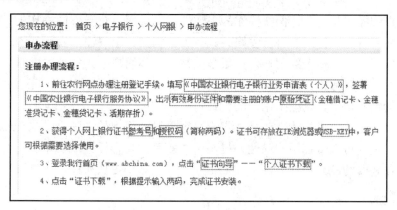

图4-11 某银行网站

2. 保持正确的对应关系

在用户的操作流程中，必须保持正确的对应关系，一个流程只有一个最重要的操作，一次操作只有一个结果，逻辑清晰，有先有后。例如，有操作步骤提示的时候，就严格按照步骤来排列，不能一会转到第3步，一会又转到第2步。流程的对应关系混乱会加大用户的记忆负担，图4-12所示为Flickr软件的使用流程说明。

图4-12 新手进入Flickr流程说明

3. 控制信息量

多数情况下，用户记忆信息在7±2个，1个项目记忆最牢，3个项目很清楚，7个项目以上就需要给对信息进行分类，来帮助用户理解和记忆。通过合理的设计手段，来使信息有效地推送给用户，或者帮助用户轻松完成任务。

图4-13所示的评分系统有10个选项，用户在评价的时候需要鼠标指针浮在蚂蚁图

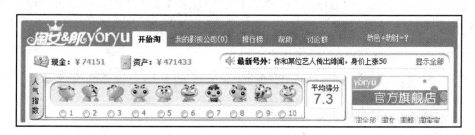

图4-13 某网站的评分系统

标上获得提示。但是有 10 个提示，用户很可能看见几个提示之后已经忘记最开始的提示内容了，这样收集到的评价肯定不准确。这个交互设计案例中的缺点之一就是信息超量（还有其他缺陷，如内容展示不明显、信息传达不准确等），用户很难记住过量的信息。

4. 帮助用户记忆

记住用户的操作与信息，保持操作的一致性可降低用户对于不同操作的记忆。我们可以先记住用户的行为，让用户自己去修改其行为。例如，用户输入密码错误，刷新后的登录页面仍然保留用户刚输入的用户名；很多网站有收集用户个人资料的需求，也有状态提示已经完成的操作百分比，并提示哪些资料还需要完善，帮用户记住未完成的操作等。这些都是在帮助用户记忆，以减少用户的记忆负担。

一款很少有记忆负担的软件产品，肯定更容易得到用户的青睐。减少记忆负担，对于产品和用户来说，可以增强用户黏性，提高工作效率，提升任务成功率。交互设计师在设计产品的时候，要注意到这些方面，才能把产品交互做得更加人性化、更易用。

4.2.3 别让用户思考

生活中有很多让我们感觉莫名其妙，或者需要停下来思考的情况，有时不得不求助，而在互联网上，可能很多情况发生了也没有求助的方法，只能自己解决，解决不了就只好关闭。

网页上每项内容都有可能迫使我们停下来，如带有营销倾向的名称、和具体公司有关的名称及生僻的技术名词。当用户访问 Web 的时候，每个问号（让用户不明白的地方）都会加重用户的认知负担，把的注意力从要完成的任务上拉开。这种干扰也许很轻微，但它们会累积起来。建造网站的人没有让它们明白易懂且容易使用，就会让用户对此网站及网站的发布者失去信心。

按用户心智模型去设计产品，下面列出了一些访问者在访问网站时不应该花时间思考的事，例如，我在什么位置？我该从哪里开始？他们把××放在什么地方了？这个页面上最重要的是什么？他们为什么给它取这个名称？

不让用户思考过多，原则上就是设计用户心智模型。大致可以从下面几个方面来介绍。

1. 文案

方案需要让人容易理解，快速记忆。根据不同产品定位，找到恰当的切入点，文案过长或者使用用户不理解的内容，如技术用词、营销用词等，都会使用户不知所云。省略多余的文案，如过分修饰、欢迎语、多余指示性语句，这些语句会影响用户对关键信息的阅读理解和判断。

2. 图形

好的图形表达是优于文字的，但是如果图形没有把内容表示明确，就会适得其反，给用户造成理解上的困扰。

很多情况下，设计师喜欢做一些很炫的图标来表达某些内容，这些有吸引注意力的作用，但要记住一点，此图形是不是很好地阐释了内容，如果不是，那就去掉吧，放图形不如放大标题更好。

每个网站需要有它的独特性来吸引用户，但表达这些独特性的元素（如图形）一定不能对用户理解内容产生干扰。很重要的一点，我们的设计要表达什么，为了什么，怎样更好地帮助用户来理解这些表达，是我们一定要做到的。网站不是炫技场，设计要为内容服务。

3. 信息

信息其实是文案、图形等形式的混合体。信息之间是否建立了关联，不相关联的信息之间是否产生了干扰。大量的信息是否进行了合理的分类，都会影响用户的寻找时间。在信息分类处理上，有一个深广度问题，广度站点因为层级少，可以让用户不需要单击过多就可以到达底层；深度站点需要单击更多次，但它在每一层次上可以做到让人的思考最小化。所以，有效的、合理的信息分类可以帮助用户快速准确浏览和完成任务。

4. 引导

通过菜单、导航等手段可有效引导用户行为路径，使用户操作方便，使用顺畅。

5. 操作方式

充分顺应用户的心理思维来设计功能的操作，可以使用户快速上手。汽车转向盘往左，汽车就往左开；插排电源按下时灯亮；相关内容旁边放置相关操作，操作尖头向下说明有下拉内容等。这些操作方式都是符合用户心智模型的。

6. 一致性

设计在同产品（甚至同类产品）中保持一致，可以大大降低用户理解成本，使用户快速上手，增加用户的使用率。这里的一致性包括颜色、形状、内容、操作方式，如红绿灯如果各地都不一样，外地人来了会导致交通混乱。同一个网站也应该有这样的一致性，有些可以保持行业的一致性，如页面上使用一样的翻页等，既可以降低制作成本，又对用户的使用有良好的认知帮助。如图 4 - 14 所示，这是某期宝贝传奇的宣传页面，进入页面后，信息繁杂，用户不易明了。它没有很好地根据用户心理预知和相关内容的合理放置来设计。这只是一个活动，如果是一个长期产品，用户接受程度可想而知。

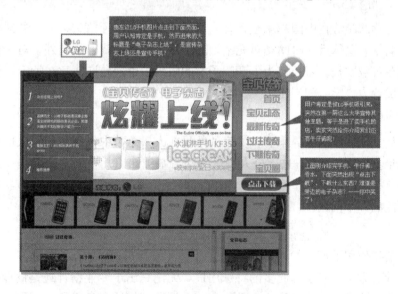

图 4 - 14　某网站的宣传页面

我们都知道别让用户思考最经典的页面是 Google 首页：其 LOGO 起到网站认知作用，搜索框紧跟 LOGO 并最大化，使其容易被使用，其他信息归类放置，并根据等级高低依次减弱。虽然大多产品都有其他商业性需求，但设计师不能被这些冲昏头脑，机械性地表现内容。设计师应多花心思把繁杂信息理清楚。

4.2.4　可及性

易用性的另一个表现在于"让所有的人都可以使用"，我们把这个含义称为"可及"，通俗地说是就是"可以达到"，加上主语和宾语，在"交互设计"这个大的语境下，其含义应该是"用户可以达到自己的操作目标"，但这不是和"有效性——用户的操作是有效的"重复了吗？其实，在交互设计实用指南中，"可及"是一个狭义的概念，是放在有效性下面的，具体解释为"色盲、肢体残疾等特殊人士可以完成基本操作"。这个特殊人群还应该包括老人、儿童、文盲等对信息使用不擅长的人。

也就是说，交互设计实用指南所定义的"可及"就是"信息可及"。具体解释为，在产品设计应用过程中，应当考虑到特殊人群的使用状况，让这部分用户享受无障碍设计带来的便捷，在浏览网页时能很顺畅地使用该网页所提供的相关资源。

交互设计主要考虑如下几个特殊人群。

1. 色盲患者

据统计，全世界大约有 8.65% 的男性和 0.43% 的女性在识别部分或者全部颜色时有困难。我们通常称这种缺陷为色盲(Color Blindness)。其中，轻度的色觉异常称为色弱。

2. 肢体残疾

仅仅在我国，残疾人数就约有 8300 万，占总人口的 6.34%，其中肢体残疾者 2412 万人，占残疾人数的 29.07%。肢体残疾人士在精神、智力方面和正常人是没有太大分别的，这部分群体由于活动不便，对于以计算机、移动终端为媒介的网络产品有着更为迫切的使用需求。

3. 老人，儿童(5~12 岁)

人口老龄化的趋势在中国越来越严峻，预测数据显示，到 2050 年，中国将有 4.3 亿的老年人。老年人退休后，时间相对充裕，除了从传统媒体获得信息外，对于网络信息获取的需求也在日益增长。家长们为了开阔子女的眼界，也会允许儿童在特定时间浏览特定的网站来开发智力、学习和娱乐。

4. 文盲

另外，从文化程度的差异来看，文盲的数量在人口总数中仍然占相当大的比例，现在我们的青壮年文盲占 5.8%，这部分人群虽然网络基础知识几乎为零，但是一旦接触到网络，他们会有很高的学习欲望和热情，如何帮助他们尽快地使用网络，也是 Web 交互设计师应该关注的一个问题。

5. 其他

其他对信息使用不擅长的人。

交互设计的方法：对于如此多的特殊用户，无论是出于专业精神还是商业利益，Web 产品设计师都应该去关注他们，这也是作为一个设计师的社会责任所在。那么，所设计的产品如何能够满足对特殊人群的"可及"呢，这就要求设计师在设计一个产品的时候，要时刻提醒自己不能忘记特殊人群，换位思考，站在特殊人群使用的角度上来设计 Web 产品的整体布局，各个元素的具体形态及操作行为。关于这一部分，我们也给出了一些基本的思路，以下是一些可借鉴的设计方法。

（1）使用形状＋色彩的信息提示

这一点对于色盲患者尤为重要，和普通用户相比，他们的缺陷在颜色识别方面，也就是说如果设计师在某个地方仅仅使用了色彩作为信息提示，那就有可能带来问题，图 4-15 是一般用户看到的和色盲用户看到的同一网站的效果。

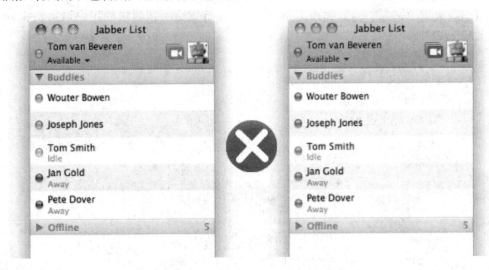

图 4-15　一般用户和色盲用户看到的同一网站的效果（一）

此图是苹果公司的官方网站曾提供的一个在线工具，帮助用户查询哪些专卖店明天有货。苹果公司的设计师用绿色填充的圆圈表示有货，红色的圆圈表示没货，这样对于普通用户当然没问题，但是对于绿色色盲用户来说，就不容易分清了。

其实，只需要优化提示图标就能解决这个问题，修改后如图 4-16 所示。

图 4-16　一般用户和色盲用户看到的同一网站的效果（二）

这个例子告诉我们，在使用设计元素时，要尽量使用形状＋色彩的方式来表现信息，使用文字来提示。这样对于正常用户和对颜色识别有障碍的特殊用户，都不会影响他们的识别。在完成设计时，可以把自己的设计图做去色处理，然后一项一项去做交互测试，如此可以有效地避免色彩的识别问题。

（2）简化操作方式

无论是老人还是文盲对于网络产品的操作都有信心不足的情况，一个简便的操作方式，可令他们快速实现目标，对于增长信心非常有帮助。对于肢体残疾人士，他们的困难在于使用交互输入设备（如鼠标和键盘）更不容易，需要简化操作方式。例如，在设计操作时尽可能地采用"选择"的方式而不是"填写"（避免给手指残疾的用户增加负担）的方式，如图 4-17 所示。

图 4-17　输入日期的设计

值得一提的是，这样的设计不仅给有障碍的人群提供了帮助，也给普通用户带来了很多方便。

（3）容错和及时帮助

这也是交互设计指南中两个非常重要的部分，对于特殊人群来说，这两点显得更加重要。具体的设计方法可以参考后续文章。

（4）使用视觉、听觉、触觉等多元化的手法传达必要的资讯

在产品设计中，对于重要的操作及信息提示，可以使用语音提示来配合视觉样式来提示用户操作的状态。例如，在一些智能手机产品上，单击触摸屏数字键盘时，不仅被选中的数字键的底色会发生变化，屏幕还会有震动的触感提示。

5．使用辅助性的工具

以目前的技术，语音识别可以部分解决单纯的输入问题，如 Windows 7 的语音指令功能，在操作者说出"打开 Word"这句话时，计算机就可以自动启动该软件，也可以为视力不好的老年人逐字逐句地朗读计算机上显示的任意文章。但是要靠语音识别完全解决人和计算机间大量的、快速的交互行为还要走很长的路。在未来，也许大脑可以直接操控计

算机，人们在这方面已经有了一些研究成果。图 4-18 所示为谷歌手机中文语音搜索的界面。

另外，可以内置辅助残疾人的工具，Windows 7 有一个新的功能，被称为 OSK，即屏幕键盘，如图 4-19 所示。不习惯使用键盘的人可以按这个屏幕的键盘，肢体不是很方便的使用者，可以把屏幕键盘上的按键放大，从而提高准确性；视力不好的老年人，可以把按键上的字放大，以便阅读。

图 4-18 谷歌手机中文语音搜索界面

图 4-19 屏幕键盘

6. 容易浏览及合理的信息架构

对于老年人来说，看互联网上的文字会觉得眼花，他们感觉字都太小，不容易浏览。所以在设计时要考虑到，要能切换到适合老年人查看的字体和网页样式，如百度推出了老年搜索来满足这个需求，其字体较大且突出老年人常用的功能，如图 4-20 所示。

天气预报	电视节目	在线广播	股票查询	基金净值
外汇牌价	地图	黄历	医院查询	菜谱
热点景区	邮箱	在线翻译	帮助手册	
名站 百度	新浪	搜狐	腾讯	网易	更多 >>
新闻 新华网	人民网	凤凰网	新浪新闻	中国新闻网	更多 >>
音乐 流金岁月	革命歌曲	流行歌曲	好听	百度MP3	更多 >>
游戏 在线小游戏	联众游戏	QQ游戏	连连看	棋牌	更多 >>
听书 天方听书	评书吧	有声小说	起点中文网	中华诗词论坛	更多 >>
视频 优酷	土豆	百度视频	PPS网络电视	狗狗影视	更多 >>

图 4-20 百度的老年搜索

4.3 反 馈

面对功能繁多的数字产品，往往会出现用户不确定自己是否执行了某一功能，或者是否正确或是合理地执行了某一功能的情况。这就需要设计师设计一种机制，可以让用户及时了解自己的操作是否有效、是否正确。这种机制被称之为反馈。反馈机制在 Web 设计和软件设计中经常遇见，如系统的提示、帮助和询问等。本节我们就这些反馈行为进行分析，看看要如何设计符合用户体验的反馈机制。

4.3.1 反馈及时、有效、友好

1. 如何理解反馈及时、有效、友好

如图 4-21 所示，某人在使用一个网站的分享旅游经历的功能时，由于看不出哪些是必填项目，于是选择填写了几个项目后就单击"提交"按钮，弹出一个对话框提示提交不成功，因为有一个项目没有填写。而当他填写完该项目后再次提交时，仍然不成功，并提示还有一个项目是必填的。系统没有把合格提交的规则一次性告诉他，而是单项校验，每单击一次"提交"按钮，就提示他犯了一个新的错误。

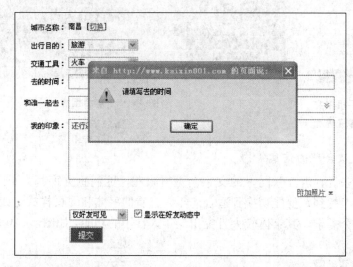

图 4-21 某网站提示信息(一)

于是此人只好把每项内容都填上，保证无项目为空后，再次尝试提交。此时系统再次否定了他的提交，如图 4-22 所示。

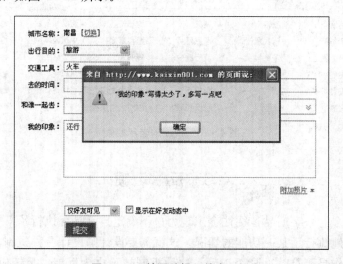

图 4-22 某网站提示信息(二)

首先，这个对用户录入数据进行校验的时机是不"及时"的，在用户还未输入时就提醒用户需要录入的格式和要求，以及在用户输入完成光标离开时即时校验数据都是体验更好的做法。

其次，这个校验的内容不能算是"有效"的，至少没有完成它需要完成的全部反馈任务，如提示"填写的太少了，多写一点吧"时，"太少"是多少？"多写一点"要多少才被认为是合格的、可以提交的数据？提交错误的原因是什么？应该怎样做才是合格的？从这个反馈中还是无法清楚地了解。

最后，这个反馈在方式上是不够"友好"的，使用独占式的弹出对话框、多次打断用户的操作流，多次让用户感受到强烈的挫败感。

2. 如何做到反馈及时、有效、友好

1）及时

首先必须澄清一个问题：及时是否简单地等同于"要多快有多快"？

新华字典对于"及时"一词有如下解释。及时：正赶上时候，适合需要；不拖延，马上，立刻。它告诉我们，"及时"并不能简单等同于"立刻"、"马上"、"要多快有多快"。它包含两层意思：适时，在最恰当、最适合需要的时间；立刻、马上，在最短的时间。对应到交互设计层面，可以对"及时性"做以下两点解释：

① 立刻：让用户经历最短的等待时间。

② 适时：在最合适的时候回应用户的操作。

关于第一个"立刻"层级的含义，此处不再多叙，下面举例说明"适时"所表达的含义。

首先，不是"要多快有多快"，而是应当做到反馈响应的速度适当。

图4-23所示为YAHOO的首页，左边的菜单栏内的每个项，在鼠标指针的时候都会展开一个新的遮盖层。鼠标指针依次从这些菜单项上划过时可以发现，每一个层的展开、层与层之间内容的切换并不是即时触发的，而需要鼠标指针停留大约零点几秒的时间。

图4-23　YAHOO的首页

对于一个触发后对屏幕内容改变如此巨大的操作（展开的层几乎遮罩了整个显示区的内容），我们可以称之为反模式的方式，需要给用户一定的反应和接受时间，以使得用户在视觉上更好地适应这个显示的变化，同时更容易理解这个切换显示的内容和菜单之间的对应关系，更易于定位用户真正想要展开的菜单项。如果此处设计成每个层都悬停即现，即刻触发，则未必是一个反应速度最适当的设计。

其次，不是"要多灵敏有多灵敏"，而是反馈给出的时机适当。

图4-24是淘宝网的商品列表页的搜索结果筛选区域，使用过的用户应该都会发现，并不是每个条件项的设置改变了，其搜索结果页就会刷新按新的条件显示结果。在中部的筛选关键字输入框，以及一系列复选框中列出的筛选条件，单个改变不同的勾选条件或关键词是不会触发页面刷新的，单击"确定"按钮后才会刷新页面。而其他的条件项，如顶部的表格和底部的下拉列表，都是单击后直接刷新搜索结果的。

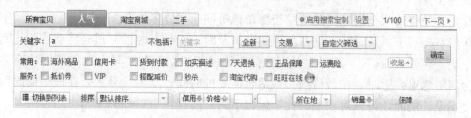

图4-24　淘宝网的商品列表页的搜索结果筛选区域

对于中部的一系列可复选的筛选条件来说，改变一个或几个选项的设置，是一种"微调"行为，如果稍一改动系统就即刻刷新，用户就会被系统的"反应过度"搞崩溃。作为一个智能的系统，并不是"要多灵敏有多灵敏"地对用户的任何操作都给出反应，而是有选择性地分析用户的行为和意图，在最恰当的时机给用户适度的反馈。

2）有效

下面先看一个 Flickr 管理照片的例子，如图4-25所示。这个管理工具的下方是相片库，上方是编辑操作区域，只要把所需要编辑的相片从下部拖到上部区域即可进行所需要的操作。

图4-25　Flickr 管理照片

添加照片到编辑区的交互过程如图4-26所示。

首先，在选择好所需要编辑的照片时，就有玫红色的钩边选中照片，同时位置稍稍上移，表示处于激活状态。

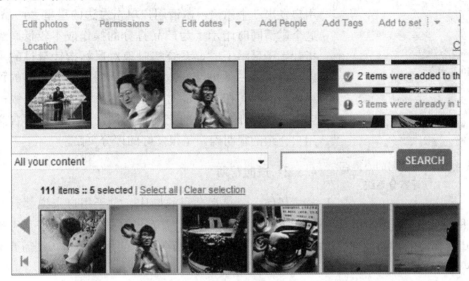

图 4 - 26　Flickr 用户添加照片的过程

其次，在按住选择好的项目向编辑区拖放的过程中，集合的照片底部会有被选中相片的总数值提示，同时以淡色半透明的缩略图告诉用户，拖动操作完成后照片将要被放置的位置，同时暗示用户释放鼠标，目标即可完成操作。

最后，当用户释放鼠标后，照片被成功保留在编辑区域，系统给出提示，如究竟成功添加了多少个项目，同时给出没有添加成功的项目及没有添加成功的原因。

这个简单的拖放操作从选择目标到拖放完成，每一个细小的步骤系统都给出了明确的反馈，表示操作是否成功的同时给后面的操作提供了指引。牛顿第三定律的内容：我们知道对每个作用力，必同时产生一个反作用力，且两者大小相等，这两个作用力被称为作用力与反作用力。对应到交互设计层面，即指交互力反馈的对称性。系统应当对用户的每个操作行为给出反馈，让用户可以明确自己的操作是否有效及产生了怎样的效果。

3）友好

友好包括如下两个方面的内容。

不批评用户，不打扰用户。

将用户想象成非常聪明，但是非常忙碌的人。

关于第一点，此处不专门举例说明。此处只对第二点做一个诠释。

图 4 - 27 所示为 Google 的注册页面，要求设置密码，密码的强度会随着左边的输入字符内容做实时判断，判断是否足够安全。这个设计首先很智能，因为它实时判断了密码是否设置合理；其次很友好，因为它并没有不容许用户设置安全性相对较低的密码，给出的判断和建议点到为止，对用户很宽容。

图 4 - 27　Google 的注册页面

图 4-28 淘宝网的心得点
评打分系统

淘宝网的心得点评打分系统如图 4-28 所示，首先它向用户发出一个邀请，邀请用户单击左边的星星为产品打分，这个邀请同时暗示了为产品打分的操作成本较低。当鼠标指针旋于星星上时，系统实时地对鼠标指针滑过的星星予以上色，是一种再度的邀请，邀请用户留下期望的评分结果，与同时，在右边也对应地介绍了每个不同星级的评价含义，整个评分过程的交互很简洁，评价分值的含义也向用户介绍的很明确，是很友好的评分页面。

4.3.2 适时帮助

任何一个交互过程的操作，对于用户来说都有学习成本，谁也不能保证所有人都准确无误地走完一个流程。交互设计师在设计时应该考虑适时地给用户相应的帮助，这一点非常重要。适时帮助是指在用户使用流程中，在需要的时候能及时地得到帮助；反之，在不需要帮助的时候不要出现信息干扰。

不及时的帮助会造成用户使用进程中断，或者增加用户达成目标的难度。无效的帮助则可能给用户造成干扰，影响用户完成任务。"适时帮助"是一个偏正结构，首先是帮助，然后制约条件是适时。我们分开来讲。

在理想的交互设计状态下，我们当然希望用户在使用过程中"无师自通"，但受硬件、使用环境、用户层次等的影响，有一个"老师"帮助用户是非常必要的。

韩愈在《师说》里一开始就讲到："古之学者必有师。师者，所以传道授业解惑也。人非生而知之者，孰能无惑?"。同理，我们的帮助也是相似的作用，即传道授业解惑。

（1）传道：主要是理论上的帮助，告诉别人这是什么，主要指一些名词解释，规则说明等。

（2）授业：主要是操作上的帮助，告诉用户怎么做才能完成整个流程。很多当前操作提示、流程示意图等都属于这个范畴。

（3）解惑：主要是在用户迷惑时提供解决方案，如对用户操作出现我错误时的建议，某分流程结束后的帮助提示等。

我们主要来说"适时"。这就要讨论用户在什么时候需要帮助，一般有以下 3 种情况。

（1）在用户第一次使用某产品功能的时候。

当新用户使用一个产品需要帮助的时候，或者老用户在使用一项新功能的时候，由于认知不足，用户会觉得陌生，不知所措。此时帮助应该及时出现，但不能一直强制出现，应该让用户有选择的余地。

（2）在用户已经出错或者将要出错的时候。

当用户在流程中不小心与系统现有规则有冲突的时候应该及时提醒，不能任其为之，如果最后只显示"对不起，你出错了"，则可能会造成用户主动中断流程。

（3）在用户遇到不明白的问题的时候。

用户遇到不明白的名词或者操作时，应该及时给出解释。用户了解信息主体时，如果有必要的补充说明，也应该及时出现。

当出现以上 3 种情况的时候，我们应该采取适当的方法来为用户提供帮助。

（1）帮助信息明显，提示方式灵活。

图 4-29 所示为 Google 文档的新功能的帮助信息，第一次访问时，它用明显的形式出现，用户单击"关闭"按钮以后不再出现；如果单击"以后提醒我"按钮，则帮助信息会暂时关闭，下次访问时还会出现。

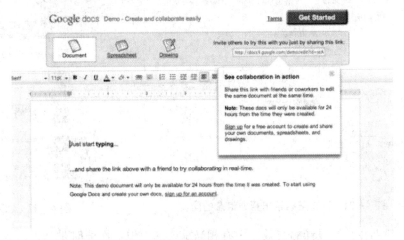

图 4-29　Google 文档的新功能帮助信息

（2）及时反馈操作，防止用户出错；分析错误原因，给出合理建议。

图 4-30 所示为针对错误页面的帮助提示，分析了出现错误的可能的原因，并给出了一些建议。

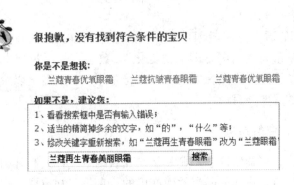

图 4-30　正确给出帮助信息的网页

再来看看下面这个反面案例，如图 4-31 所示。

注册过程中，在用户名已经存在的情况下，输入是没有提示的；直到所有资料填写好之后提交，才弹出页面，提示用户名已经被注册，然后让用户重新填写。这个帮助信息不适时，如果在注册用户填写用户名的时候，就检测该用户名是否有效，就不会让用户重新填写全部信息。

（3）及时补充，信息完整。

再看 QQ 会员页面，在"开通会员"按钮下有"QQ 会员是什么"的帮助信息，它可让用户先在理论上对 QQ 会员有一个认知。对用户不了解的信息给出了通往答案的路径，如图 4-32 所示。

图 4-31　没有正确给出帮助信息的网页　　　　图 4-32　QQ 会员页面

　　总之，帮助在交互设计的有效性中有相当重要的地位，而适时是帮助的关键点。我们可以把两个词组合起来，形容适时帮助的特点，那就是"聊胜于无，过犹不及"。只有及时而不多余的帮助信息才能更好地帮助用户，从而完成一个具有"有效性"的交互设计。

4.4　视　觉　化

　　"好看"、"不好看"是一般用户对界面的第一评价。虽然直白，但是却明确指出了交互设计中一个非常重要的问题，即"视觉化"。数字产品经过数十年的发展，人们对它们的审美情趣也从幼稚走向成熟。如何设计出符合用户审美需求以及实用需求的产品是设计师要学习和研究的重要项目。

4.4.1　简洁清晰，自然易懂

　　我们生活在信息繁杂的社会，尤其是在互联网时代，人们开始通过网络接触越来越多的信息，那么，如何获取和传递有效而准确的信息将非常重要。在网页交互设计中，我们提出：信息获取和传递的过程必须简洁清晰，自然易懂。这样，用户才能够有效地获取这些信息，并迅速做出决定。

　　1. 什么是"简洁自然，清晰易懂"？

　　简洁清晰：使信息最简化。提倡使用最少的元素来表达最多的信息。如果信息繁杂，将使用户承担大量的信息负担，造成信息过载，影响效率，不能帮助用户解决问题。

　　自然易懂：使用用户语言。用户获取信息的方式多样，对信息的理解程度也各有不同，所以用户平时使用和理解的表达方式去传递信息，更容易被用户接受。

　　2. 信息表述的种类与设计原则

　　在网页交互设计中，传达给用户有效信息的方式有多种，其中包括页面布局、交互文本、界面色彩、图像与图标、声音等。

1）页面布局

界面中的信息布局会直接影响用户获取信息的效率。所以，一般界面的布局因功能不同，考虑的侧重点也不同，并且会让用户有一种"区块感"，方便用户对信息的扫描性浏览，如图4-33所示。界面布局尽量有秩序，排列整齐，防止过紧或过松，有明显的"区块感"，切忌混乱。

图4-33 amazon官网界面

布局要充分表现其功能性，每个区域所代表的功能应有所区别，如标题区、工作区、提示/帮助区等。

页面中最重要的信息所在的模块将在屏幕中最明显的位置上，并且应该是最大的。

布局中的信息需要有明显的标志和简单介绍，如标题栏和标题等。

信息的位置保证一致性，让用户可以无需重新建立对页面信息分布的理解。

2）交互文本

交互文本指产品界面涉及交互操作中需要用户理解并反馈的所有的文字，包括标题、按钮文字、链接文字、对话框提示、各种提示信息、帮助等。这些文字直接影响用户在交互过程中对预期的理解，好的交互文本设计，可以提高用户完成任务的效率。

（1）表述的信息尽量口语化，不用或少用专业术语。

（2）表述语气柔和、礼貌，避免使用被动语态、否定句等。

（3）简洁、清楚的表达，文字较多时要适当断句，尽量避免左右滚屏、折行。

（4）对于同种操作的交互文本，操作行文字应保持统一性。

（5）字体使用默认/标准字体，大小以用户的视觉清晰分辨为主。

3）界面色彩

人眼一共约能区分一千万种颜色，所以用户对界面中颜色的关注度非常高，有效地使用色彩区分信息的级别、分类等，有助于用户对信息和操作产生关联，有效减少用户的记忆负担。

（1）根据不同的产品使用"场景"，选择合适的颜色，如管理界面经常使用蓝色。考虑颜色对用户的心理和文化的影响，如黄色代表警告，绿色代表成功等。

（2）避免界面中同时出现3种以上的颜色。

（3）颜色的对比度明显，如在深色的背景中使用浅色的文字。

（4）使用颜色指导用户关注最重要的信息。

4）图像图标

相对于单纯的文本，图像及符号化的图标更加符合用户的认识习惯。表述一种信息时，一张图片或者一个标识能让不同用户更好地理解与接受。适当的使用图片与符号化的图标，会让用户很自然地建立起认知习惯。

（1）表意清晰，明确，有高度的概括性与指向性，让用户能够快速地联想到对应的功能和操作。

（2）同类或同一纬度的信息，在形式和色彩风格上尽量保持一致。

（3）仅在突出重要信息、用户可能产生理解偏差的情况下使用，要避免滥用。

（4）尽量与交互文本结合使用。

5）声音

在网页的交互设计中，用于声音的信息表述方式相对于视觉来说不是很多。一般应用于提示、提醒、帮助等信息的表述。此类信息表述让用户通过听觉获取反馈，更加直接与有效。

（1）表述清晰，语气亲切，不生硬，有礼貌。

（2）使用符合用户认知习惯的声音，如使用敲门声提示好友来访信息等。

（3）使用不让用户反感（如恐怖、恶心、烦躁）的声音。

（4）在用户可预知的情况下发出声音。

3．小结

对于不同的信息表述方式，都要求设计师在表达信息的时候做到简洁清晰，自然易懂，尽量让用户觉得这是自然而然、是清晰明了的信息。这样才会让用户快速、准确地完成任务。

4.4.2 突出重点，一目了然

在图4-34中，我们一眼就能够看到图中这位男士的眼睛。我们能从他的表情里读出他的一些性格。一幅好的摄影作品，最重要的一点就是这张照片是否有焦点，照片的主题是否一目了然。而摄影作品的用光、构图、景深等手法，其实就是使一张照片有其焦点，并且利用这些艺术手法来烘托气氛，提升主题。一个优秀的页面亦如此：应当突出重点，一目了然。

相信大家知道，用户在浏览网页的过程中，只是浏览页面，而不会像看书一样阅读每一处地方，每一行文字。一个网页呈现在用户面前的时候，应该在5s之内，就能理解："这个页面是干什么的？我大致能通过

图4-34 人物摄影作品

这个页面做些什么？下面我该去哪里?"。我们网站上的每个页面都可以是任务流上的一个点。这个点包含用户需要的信息，也许是继续找到任务流的下一个点的信息（如导航），也许是用户想找到的最终内容。而一个页面上存在着上百甚至上千个链接（例如，淘宝的宝贝详情页面通常有 700 多个链接），要在众的信息中找到用户需要的链接，可见"突出重点，一目了然"有多么重要。

1. 测试页面

测试页面是否达到"突出重点，一目了然"，能够让用户在短时间内找到他们所需要的信息，其实这是一个低成本的小型测试。fivesecondtest. com 是一个专门做 5s 测试的站点，如图 4－35 所示。测试者上传一张站点的截图，被试观看截图 5s，然后说出刚才看到了哪些东西。另外一种方式是被试看到截图，在 5s 的时间中，单击其所关注到的所有焦点，给出每个焦点其认为的描述。

图 4－35　fivesecondtest. com 网站对淘宝网首页的测试

图 4－36 是 8 个用户对其测试结的果：这种测试与眼动仪相比，测试的成本要低得多，而且能够明确地测试出页面的浏览者是否能在第一时间发现他们所需要的内容，并且可以比较出，这是否符合设计的初衷。

2. 如何达到"突出重点，一目了然"

那么，如何达到"突出重点，一目了然"呢？据本书的不完全归纳，有以下方法可达到。

为扫描设计，而不是阅读。几乎需要把每个用户都想象成非常忙碌的人——他们没有时间停留在设计师精心设计的页面上，去阅读每一行设计师辛苦撰写的问题，去欣赏设计师精心设计的高光与圆角——他们想要只是尽快地找到有用的信息。如果找不到，互联网上也许有很多替代品，用户可以轻而易举地到其他网站上寻找他们需要的信息。《点石成金》一书也比较详尽地描述了这个要点。《点石成金》中谈到关于"为扫描而设计，不是阅读"时，给出了以下几种方法。

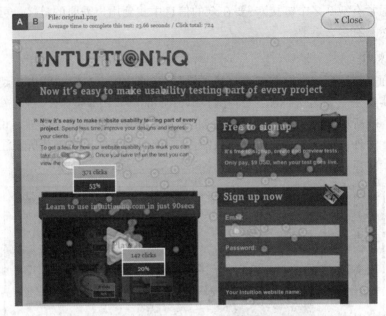

图 4-36　fivesecondtest.com 网站对照片的测试

（1）尽量符合用户习惯的设计，让人接受陌生的东西需要付出代价，除非我们觉得这个代价是必需的。

（2）在页面上越重要的东西越突出，建立清楚的视觉层次。

（3）可以点击的地方必须突出，让人明显知道可以点击。

（4）把页面划分成明确定义的区域。

（5）省略多余的文字。

如图 4-37、4-38 所示，腾讯电脑管家的页面改版很具有代表性。我们可以发现改版后的页面层次得到了很大提升。老版本的电脑管家文字多，内容复杂，改进成新版本以后减少了不必要的文字图片内容，页面的核心功能被很好的体现出来，一目了然，清晰简洁。

3. 将功能"藏起来"

部分设计师每开发出一个新功能，就向用户炫耀新的工作成果。这样做看起来很好，一来让用户知道本网站还在健康运营，还在为用户不断地开发新的功能，二来辛苦开发了数天甚至数月的功能可以有人使用。于是，长期下来，界面上的元素越来越多。假设某一天，这样的产品经理全部就职于谷歌，那么谷歌的首页如图 4-39 所示。

下面这个浏览器可以看出，其右边工具栏中多数功能是普通用户平常很难使用到的，如图 4-40 所示。

如果你了解 20-80 原则，你应该知道：80％的用户只会使用 20％的功能。所以，为什么要让那些少人使用的 80％的功能总是放在显眼的位置，扰乱那些只需要 20％的功能的大部分用户呢？其实那些 80％的功能大部分是专家用户所喜欢的，我们应当将这些功能

图 4 – 37 YAHOO Small Business 的页面改版前

图 4 – 38 YAHOO Small Business 的页面改版后

图 4 - 39　将功能全部置于界面上的谷歌首页

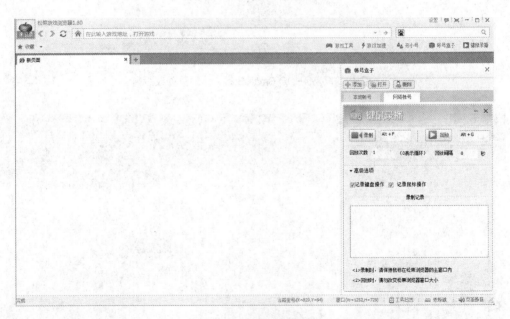

图 4 - 40　某 BSP 网站

"藏起来"，目的就是不影响新手和中间用户，并等着他们去发现，然后大叫："哦，居然这个网站有这个功能，太棒了！"我们来看看 Google 浏览器的主要工作栏，如图 4 - 41所示。

图 4 - 41　Google Reader 改版前

4. 关注于用户的主要任务流

关注于用户想要的，而不要强迫用户查看、理解与操作无关的事情，是关于"突出重点、一目了然"的 UCD 方法论的延伸。这个想法，解决了什么元素该被"突出重点"从而达到界面"一目了然"的问题。从用户角色到场景，到任务流，可以决定每个界面－也就是任务流上的节点最重要的元素是什么。加之融合商业目标，即成页面的重点。其他非重点的元素应该尽量"藏起"或是"显得暗淡"些。我们来看一个来淘宝网对卖家订购增值服务的平台（Pay. taobao. com）的例子：图 4 - 42 这是个页面的改版前效果。

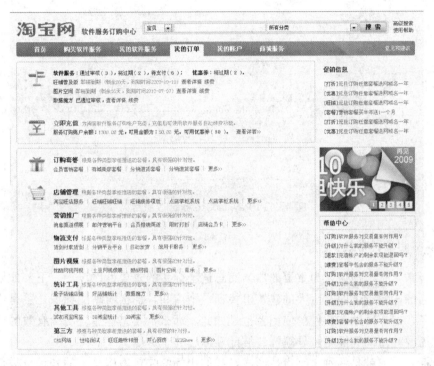

图 4 - 42　Pay. taobao. com 改版前

我们能够发现，这个页面觉得凌乱不堪。各种大小，各种颜色，各种粗细的字体混杂在一起，眼花缭乱。

如果我们可以通过 UCD（或者是其他方式）分析出，这个页面，用户需要这些信息：有哪些可选项目？可以获得什么服务？价格多少？

根据这个目标，重新设计后的结果，如图 4 - 43 所示。

我们可以看到，重要的信息大而具有色彩，次要信息成灰色的小字。用户对自己支付的价格和将会获得的服务都一目了然，信息结构利于扫描和比较。

5. 小结

本文描述了什么是"突出重点，一目了然"。如何测试页面是否"突出重点，一目了然"，以及如何达到"突出重点，一目了然"。有句话我挺喜欢，作为结局吧。在 *What's Next in Web Design*？ 中说的：

"Simplicity is when someone takes care of the details." —— "简单而不简陋！"

图 4－43 Pay.taobao.com 改版后

4.4.3 标签明晰，有效

设计者常常忙于他们认为重要的事物而忘记了标签的重要性。设想一下，如果你在一个语言不通的国家，试图在巨大的建筑里找到一个房间，那么明晰的标识几乎是你可以依仗的一切了，对于网站和软件的使用者也是如此。那么，要怎样建立明确有效的标签系统呢？首先需要注意的问题是，导航标签彼此互斥、完全穷尽。

导航标签其实就是一种文字表达形式，我们用标签来代表网站上的各种分类信息。例如，"联系我们"标签代表的内容通常会包括公司名称、电话、地址、邮箱等信息。它可以是文字，也可以是图片。

简单来说，就是要为网站的信息做分类，并为它们起一个通俗易懂的名称。这其实是任何人都可以做的一件事情，所以在导航设计流程中，它的重要性也常常被忽略。

然而，站在用户的角度来看，导航标签代表的是整个网站的内容、产品的结构，他们必须依靠标签的内容和组织方式来寻找网站中的信息。标签是访客行为的触发词，好的标签能吸引访客的注意力，引导他们准确地找到信息。导航标签是访客预测目标页内容的重要依据，紧跟着它的就是导航中的关键点、网页的过渡，所以导航标签尤为重要，有歧义的标签需要猜测它的意图，甚至让用户走错路或"迷路"，如图 4－44 所示的网站标签。

图 4－44 某网站的标签

这个网站的导航标签比较极端，首先，标签之间的互斥性差，"淘宝潮流榜"、"爱物秀场"、"败家俱乐部"等的含义和实际内容都非常接近；其次，标签的一致性差，标签的粒度不同、长度不同、语气不同，甚至有英文出现，可谓五花八门；最后，在标签的选择上，用了很多不当的词语，如"爱骚谈资"，用户很难预测到链接的是什么内容。

设计标签的过程，实际上就是对信息分类的过程，我们应当坚持 MECE 原则，也就是彼此独立、完全穷尽（Mutually Exclusive, Collectively Exhaustive）。这是一种客观的角度。可以站在主观的角度进行分类，但必须做到标准清晰，在目标群体中能获得充分的共识。怎样的标签才能被称为好的标签？它应该满足这几个方面。

（1）好的标签，应该使用客户的语言，避免使用术语、行话、缩写词等用户难以理解的词语。

（2）采用描述性的标签，避免使用"信息"、"细节"等过于宽泛的词语，尽量以某种方式加以限定，如"给买家的信息"、"交易细节"。

（3）标签之间的互斥性要强，尽可能地寻找差异化。

（4）使用聚焦的标签，如能把猫、狗、仓鼠等归纳为"宠物"，就不要归纳为"动物"。

（5）在粒度、语法、展现、用法等方面保持标签的一致性。

（6）较长的标签往往比短标签更好，但并非越长越好，应尽量控制在 12 个字以内（这不是一个硬性规定）。

那我们设计标签时的词汇从何而来呢？是凭空想象出来的吗？当然不是，大家可以从以下几个方面获得词汇。

1. 自己的网站或产品

在前期建设中，自己的网站和产品已经积累了很多标签。我们要做的，就是遍走整个网站，尽可能地收集所有标签，然后用表格进行整理。

例如，在淘江湖改版时，对现有标签系统进行了一次整理，在如下表格的帮助下，比较容易看出现有标签的系统存在的问题，如图 4-45 所示。

类别	名称			标题	Title
顶部导航栏	我的江湖				淘江湖首页-淘江湖-淘宝网
	我的好友	我的好友		我的好友	千城的好友-淘江湖-淘宝网
		有来往的好友	谁来看过我	有来往的好友	谁来看过我-淘江湖-淘宝网
			我去看过谁		我去看过谁-淘江湖-淘宝网
		邀请好友		邀请好友	邀请好友-淘江湖-淘宝网
	我的消息	系统消息	全部	我的消息	千城的消息中心-淘江湖-淘宝网
			系统通知		
			好友		
			投票		
			评论		
			淘金币		

图 4-45 淘江湖标签整理

2. 类似网站或竞争对手网站

如果没有网站和产品，就要去同类型网站或竞争对手网站收集标签。相信这一做法，在互联网上，几乎是无师自通的。可以通过对同类型网站标签系统地观察和比较，得到一些行业类比较通用的词汇，降低用户的理解成本。可以用同样的方式，收集同类型或竞争对手网站的标签，以供参考，如图 4-46 所示。

类别	名称		标题	Title
顶部导航栏	首页			我的首页-＊＊网
	好友	我的好友	好友	我的好友-＊＊网
		好友管理		
		访问脚印		
		查找朋友		
	群	我的群	群	群-＊＊网
		好友的群		
		全部群		
	消息	短消息	消息中心	消息中心-＊＊网
		系统消息		
		留言板		

图 4-46　某社交网站标签系统

3. 受控词表或叙词表

这是由图书馆员工和特定领域的专家建立的资源，这些词汇都是专家们付出很多努力的成果，表达方式精确且一致，且这些资源通常是公开的。其实信息架构的很多理论都来源于图书馆的管理。

在完全没有依据的情况下，当必须设计新的标签系统时，应该怎么办呢？可以通过对内容进行分析，要求内容的产生者提供帮助，或者向专家或自己的直接用户求助。卡片分类法也是比较流行的一种做法。

卡片分类法大概有以下四个步骤。

（1）招募志愿者，大部分项目适当的卡片分类志愿者人数是 15 人，大型项目可以达到 30 人。如果只是想对自己想法进行验证，则 5～10 人即可。

（2）准备卡片，写上预先设定好的标签(这些标签必须是内部讨论或请教过专家的结果)。

（3）让用户进行分类，可以观察用户的分类过程，以及对标签的理解。

（4）对卡片分类的结果进行分析，如果数据庞大，可以借用软件进行分析，推荐工具有 IBM EZSort、CardZort、WebSort 等。

4.4.4　一致性

1. 什么是一致性

一致性是交互设计需要遵守的重要原则之一。其定义如下："交互系统的一致性首先是指系统采用一致的方式工作，要求系统工作方式或处理问题的步骤尽可能和人的思维方式一致；其次是指系统不同部分及不同系统之间有相似的交互显示格式和相似的人机操作方式。"从这个定义里，我们可以解读出如下信息。

（1）系统工作的方式和人的思维方式的一致（心理一致）。不同类型的目标用户有不同的交互习惯。这种习惯的交互方式往往来源于其在现实生活中对实物界面已经有的交互经验，或者是已使用的网络或软件产品的交互流程等。在设计产品界面的时候，设计师应该充分考虑到这一点。尽可能地将生活中的使用经验或者已有的产品界面设计、交互流程结合进自己的设计中。

（2）同一系统的不同部分或不同系统间有相似的显示格式（外观一致）。这一点主要是强调整体显示风格的一致，包括控件、窗口结构、颜色、字体、大小、间距等，首先让用户从视觉上认同是同样的一个控件或功能，进而采取同样的操作步骤。

（3）同一系统的不同部分或不同系统间有相似的操作方式（行为一致）。交互对象在使用相同的交互方式后产生的交互结果保持一致。对于同样外观的交互控件，对其操作的步骤和结果都应该是一致的。

（4）交互设计的目标是一致的（概念一致）。也就是说，如果追求操作简单的交互目标，就要贯彻始终地朝着这个目标前进，不能出现系统的某些部分是简洁的风格，其他部分是繁复的风格，让人感觉不是一个设计思想指导出来的设计。

2. 交互设计一致性的优点

一致性的设计能给用户带来什么好处？

（1）改善了易用性和易学性。一致性可帮助用户把他们目前已经有的在交互操作上的知识经验推广应用到新的系统、新的产品、新的功能中去，大大减轻了用户对于新事物重新学习和重新记忆的负担。用同样的方法操作同样的控件产生同样的行为，由此及彼，推测使用，这符合人们一贯的认知。

（2）有效降低产品的开发成本，保证质量和效率。对于同样的功能和控件使用不同的外观和操作逻辑将成倍地增加开发的工作量，也容易造成没必要的产品风险。另外，一致性导致了产品易学性的提高，产品设计时对于教育用户的功能设计方面，如帮助等也可以做相应地减少，降低了资源投入，节约了产品成本。一致性的设计可以复用交互逻辑、视觉资源和开发代码，降低风险保证产品的质量，也有利于开发效率的提升。

（3）帮助企业树立品牌。对于同一企业的产品，良好的一致性设计能够提升人们对品牌的识别，当用户在遇到同样的展示或操作流程时，自然而然地想到了该企业。例如，钓鱼网站就充分利用了这一点，欺骗了不少网络产品使用者。

（4）提升用户满意度。当一个用户在使用某产品时看到了一个他熟悉的功能，而且在操作后得到了一个符合他以往使用经验所预期的结果，则所获得的成就感一定会提升他对此产品的满意度。

3. 保证设计一致性的方法

（1）研究用户的心理和使用习惯，尽量将用户现实世界中已有的使用经验延续到产品设计中。面对如图4-47所示的界面，用户的第一反应是按图中相应的黑白区域，这是因为实物交互延伸到了界面交互设计中的一致性。

图 4 - 47 实物交互延伸到界面交互设计中的一致性的示例

（2）研究同类产品中用户已经有使用经验的设计，将其应用到自己的产品中。抛开是抄袭还是借鉴的争论，同类产品的体验一致性是不能忽视的，如同为聊天工具，QQ 是默认用按 Ctrl＋Enter 键确认发送信息的，旺旺、MSN 是按 Enter 键确认发送信息的，当用户同时使用这几个聊天工具的时候，如果不设置一下，就会有些混乱，如图 4 - 48 所示。

图 4 - 48 聊天工具的聊天窗口

（3）同公司的一系列产品，需要通过规范来统一界面风格、文案、信息提示、布局、操作流程等，从而实现一致性的设计。

设计规范的一个重要作用就是保证一致性这个基本的体验要素。规范一般分为交互规范、视觉规范，分别用来规范在交互流程方面和视觉展示方面的各个控件、各个设计元素的一致性。各个公司都有自己的设计规范来保证品牌和品质，如淘宝网有总的交互视觉规范，在总规范的大框架下，各个业务线也根据自己的实际情况制定各业务线的规范。但即使有规范限制，在实际产品中也会出现因为各种原因造成的不一致现象。图 4 - 49 所示的手机淘宝网页头，一个有导航，一个没有导航，造成了不一致。

（4）对于同一产品中同样的功能模块，一般的情况下，需保证其设计一致性。对于同一产品的同样功能，如无特别的需求，尽量保证其在展现和操作方式上的一致性，使用户在使用时不至于产生困惑。淘宝网的登录模块在不同的用户情景中，保持了一致性的设计，如图 4 - 50 所示。

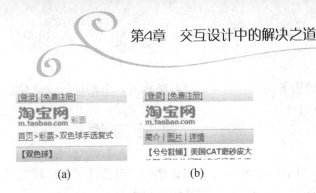

图 4-49　手机淘宝网页头

图 4-50　不同用户情景中的淘宝网的登录模块

（5）保证产品各个细节的设计有同样的理念。在具体控件和元素的设计时，要注意风格、细节等方面的一致性。如图 4-51 所示的图标，各个图标之间虽然在表意元素方面各有不同，但是在视觉风格上是统一的，这样才能使整个界面看起来协调一致。

图 4-51　某软件的控件图标

以上说的这几点，只是在一致性设计中经常应用的几种思路，最主要的是要有一致性的思维，在设计中，时刻注意自己的设计是否符合用户的经验，是否符合产品的规范等，才能避免不一致的问题产生。

另外，一致性并不意味着僵化。产品会随着用户经验的增长、市场需求的变化不断演进，为了更好地服务用户，有时必须打破规范，重新进行设计规划。

课 后 习 题

（1）设计一个图书销售网站的网页结构，包括首页和比较重要的三级页面，要求能够吸引用户的注意力，并且方便用户在线购买图书。

（2）对 Windows 中的"日期和时间属性"对话框（图 4-52），进行改良性设计，可以只设计对话框的框架。

图 4-52 "日期和时间属性"对话框

（3）讨论：传统计算机和手持移动设备在交互设计上有哪些差异？手持移动设备的界面设计是否为计算机屏幕的缩小版？

（4）针对在课前提出的十个和用户界面交互设计相关的问题，提出自己的解决之道。

下篇　实践部分

第5章

童趣手机主题界面设计

学习目标

（1）了解手机主题界面的一般布局方法。
（2）通过本案例借鉴作品的手绘方式、界面划分、色彩搭配、构图比例等设计样式。
（3）重点学习 Photoshop 的画笔工具、自定义图案、文字工具、图层样式等的运用。
（4）掌握本章手机主题界面设计的制作流程，能举一反三、灵活运用。

效果预览

本主题界面设计效果如图 5-1～图 5-6 所示。

图 5-1　解锁界面效果

图 5-2　主界面效果

图 5-3　菜单界面效果

图 5-4　通话和短信记录界面效果

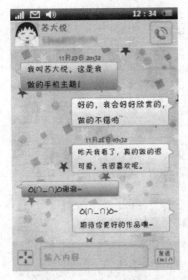

图 5-5　短信界面效果

图 5-6　拨号界面效果

5.1　制作流程

图 5-7 所示为本主题界面的制作流程示意图。

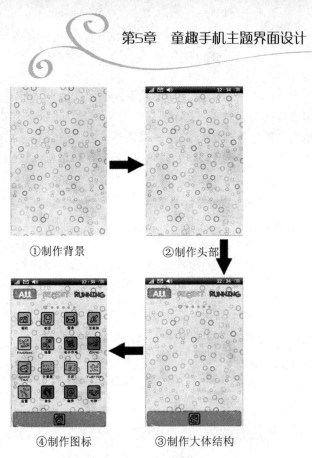

①制作背景　　　　②制作头部

④制作图标　　　　③制作大体结构

图5-7　制作流程示意图

5.2　步　骤　详　解

开始制作童趣手机主题界面前，需要下载"迷你简卡通"和"alliewriting"字体。

5.2.1　制作第一个界面背景

（1）启动 Photoshop 软件，选择"文件"/"新建"选项，弹出"新建"对话框，设置宽度为2像素、高度任意的新文件，参数如图5-8所示。

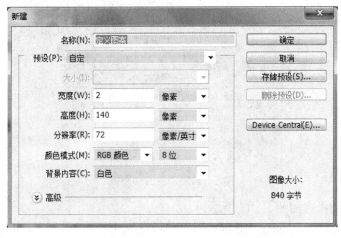

图5-8　设置新文件的参数

（2）选择单列选框工具，用油漆桶工具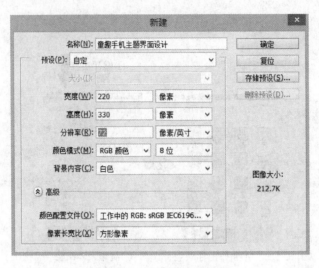分填充♯fdebdd 和♯feeede 颜色。

（3）取消矩形框选择，选择"编辑"/"定义图案"选项，弹出"图案名称"对话框，自定义名称，单击"确定"按钮，关闭该对话框。

（4）选择"文件"/"新建"选项，弹出"新建"对话框，设置文件的参数，如图 5-9 所示。

图 5-9 "新建"对话框

（5）单击"确定"按钮，创建一个白色背景的新文件。选择工具箱中的油漆桶工具，在其选项栏中调整选项，选择"图案"中前面定义的图案，如图 5-10 所示。

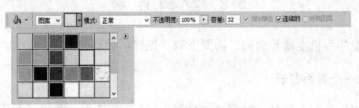

图 5-10 油漆桶工具选项栏

（6）打开"图层"面板，新建图层，命名为"背景"，并且选择油漆桶工具填充，如图 5-11 所示。

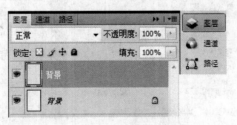

图 5-11 "图层"面板

（7）填充后的样式如图 5-12 所示。

（8）选择"文件"/"新建"选项，弹出"新建"对话框，设置文件的参数，如图 5-13 所示。

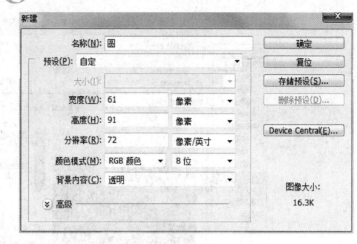

图 5-12　填充后的样式　　　　　　　图 5-13　设置文件的参数

（9）单击"确定"按钮，创建一个白色背景的新文件。

（10）选择工具箱中的椭圆工具，设置前景色为＃63bbaf，在其选项栏中调整选项，如图 5-14 所示。

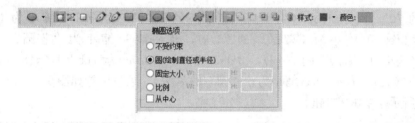

图 5-14　椭圆工具选项栏

（11）画一个圆，命名为"蓝圆"，复制此圆，命名为"蓝圆副本"，选中"蓝圆副本"的图层，选择"编辑"/"自由变换路径"选项。

（12）在自由变换路径工具选项栏中调整选项，如图 5-15 所示。

图 5-15　自由变换路径工具选项栏

（13）单击✔按钮。

（14）按住 Ctrl 键，选中圆的两个图层并右击，弹出快捷菜单，选择"栅格化图层"选项。

（15）按住 Ctrl 键，单击"蓝圆副本"的缩略图，载入选区，按 Delete 键删除，再移至"蓝圆"的图层，按 Delete 键删除，最后删除"蓝圆副本"图层，一个圆环就做好了。

（16）复制"蓝圆"图层，命名为"咖啡色圆"，选择"图层"/"图层样式"/"颜色叠加"选项，弹出"图层样式"对话框。

（17）单击"混合模式"右侧的颜色块，弹出"选取叠加颜色"对话框，"颜色叠加"设置颜色为＃897459，如图 5-16 所示。

（18）重复步骤（13），再复制 18 个圆，颜色分别为＃f5b5b6，＃cdd491，＃d7e9d3，＃efc3a6，＃ebb2ab，＃b5c7bb（缩小为"蓝圆"的 70％），＃f7d0af，＃fad8b5（缩小为

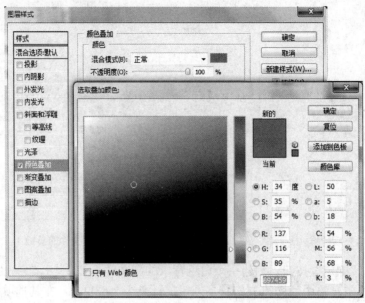

图 5-16　"颜色叠加"的设置

"蓝圆"的 70％），＃a4cbb6（缩小为"蓝圆"的 70％），＃bca27f（缩小为"蓝圆"的 70％），＃bfb087（缩小为"蓝圆"的 70％），＃e6d8a9（缩小为"蓝圆"的 70％），＃a4cbb6（缩小为"蓝圆"的 70％），＃d3e5cb，＃d4979c，＃7ebdb4，＃8db9b3（缩小为"蓝圆"的 70％），＃cdd491（缩小为"蓝圆"的 70％），缩放设置如图 5-17 所示，效果如图 5-18 所示。单击✔按钮。

图 5-17　缩放设置

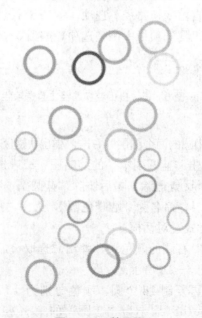

图 5-18　效果图

（19）选择"编辑"/"定义图案"选项，弹出"定义图案"对话框，将其命名为"圆"。

（20）单击"确定"按钮，定义一个新图案，方法如上。

（21）打开"童趣主题手机界面设计"文件，单击"图层"面板中的"新建图层"按钮　，弹出"新建图层"对话框，创建新图层，命名为"圆"，选择工具箱中的油漆桶工具，在其选项栏中调整选项，如图5-19所示。

（22）设置完毕后的效果如图5-20所示。

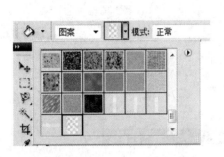

图5-19　油漆桶工具选项栏

图5-20　效果图

（23）单击"图层"面板中的"新建组"按钮的　，弹出"新建组"对话框，新建一个组，命名为"背景1"，将"背景"和"圆"图层拖曳进该组，如图5-21所示，然后保存文件。

图5-21　将图层拖曳进组

（24）单击"图层"面板中的按钮　，将其隐藏（以便后面做其他图）。

5.2.2　制作所有界面共有的部分

（1）打开"童趣主题手机界面设计"文件。

（2）制作顶部的黑线条。新建一个层，命名为"黑条"，选择工具箱中的矩形选框工具　，在该层上选择一个220px×530px的区域，如图5-22所示。

（3）选择工具箱中的渐变工具　，在其选项栏中调整选项，如图5-23所示单击工具栏中颜色块按钮，弹出"渐变编辑器"对话框，设置渐变颜色为#0000000，#656463，如图5-24所示。

图 5-22　选择区域

图 5-23　渐变工具选项栏

图 5-24　渐变设置

（4）单击"确定"按钮，添加一个新的渐变。

（5）按住 Shift 键，在该区域拖动出一个渐变效果即可，效果如图 5-25 所示。

图 5-25　拖动渐变

（6）制作"信号"图标。选择工具箱中的直线工具，在其选项栏中调整选项，如图 5-26 所示。

图 5-26　直线工具选项栏（一）

（7）画一个长 10px 的线，复制 3 次，分别缩小为原长的 80％、50％、30％，依次放置，最终形为，放置好后，选择这四条线，按 Ctrl＋E 组合键，合并图层，命名为"信号"。

（8）制作"短信"图标。选择工具箱中的直线工具，在其选项栏中调整选项，如图 5-27 所示。

（9）使用直线工具画两条长为 54px 的直线，再画两条长为 37px 的直线，将它们围成

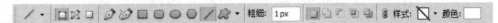

图 5-27 直线工具选项栏(二)

一个矩形，再在该矩形中画两条斜线，最终形为⌧，放置好后，选择这六条线，按 Ctrl＋E 组合键合并图层，命名为"短信"。

（10）制作"铃声"图标。选择工具箱中的钢笔工具，绘制形为的图标。重复步骤(8)，画两条直线，选择转换点工具 将两条直线弯曲，形为。放置好后，选择这两个图案，按 Ctrl＋E 键，合并图层，命名为"铃声"，效果为。

（11）制作"时间"图标。选择工具箱中的横排文字工具 T，在其选项栏中调整选项，如图 5-28 所示。

图 5-28 横排文字工具选项栏

（12）输入 12：34，将该层命名为"时间"，效果为，单击✔按钮。

（13）制作"电池"图标。选择工具箱中矩形工具，将前景色填充为黑色，画一个 36px×524px 的矩形。

（14）选择"编辑"/"描边"选项，弹出"描边"对话框，颜色设置为♯bfbfbf，其他设置如图 5-29 所示。

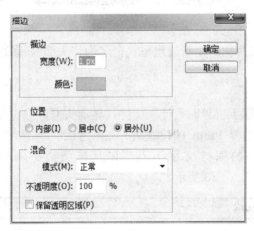

图 5-29 描边设置

（15）单击"确定"按钮，添加一个描边。

（16）再画一个小一些的矩形，效果为。

（17）重复步骤(15)，给小一些的矩形描边。

（18）选择工具箱中的矩形选框工具，在该层上选择一个区域，即。

（19）选择工具箱中的渐变工具，在其选项栏中调整选项，如图 5-30 所示，渐变颜色为♯25621f、♯8701257，如图 5-31 所示。

（20）单击"确定"按钮，添加一个渐变。

（21）在选择的区域拖曳一个渐变，效果为，选择这两个矩形图案，按 Ctrl＋E 组合键，合并图层，命名为"电池"。

图 5-30 渐变工具选项栏

图 5-31 渐变设置

（22）顶部的最终效果如图 5-32 所示。

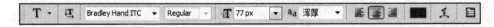

图 5-32 顶部的最终效果

（23）将以上所有层放在一个新建组里，命名为"头部"，保存文件。

5.2.3 制作解锁界面

（1）打开"童趣主题手机界面设计"文件，显示头部。

（2）在距离最上面边界 108px 的位置放一条参考线。

（3）选择工具箱中的横排文字工具，在其选项栏中调整选项，设置其颜色为 ♯2d6512，其他设置如图 5-33 所示。

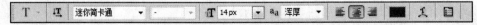

图 5-33 横排文字工具选项栏（一）

（4）输入 13：18。

（5）在距离最上面边界 150px 的位置放一条参考线。

（6）下载字体"迷你简卡通"。

（7）选择工具箱中的横排文字工具，在其选项栏中调整选项，设置其颜色为 ♯2d6512，其他设置如图 5-34 所示。

图 5-34 横排文字工具选项栏（二）

（8）输入"11 月 16 日 星期三"。

（9）在距离最上面边界 206px 和 248px 的位置分别放一条参考线。

（10）选择工具箱中的圆角矩形工具，在其选项栏中调整选项，设置其颜色为 #a7dcc6，其他设置如图 5-35 所示。

图 5-35　圆角矩形工具选项栏

（11）绘制一个宽为 42px 的圆角矩形，放置位置如图 5-36 所示。

（12）选择"图层"/"图层样式"/"混合选项"选项，弹出"图层样式"对话框，设置投影如图 5-37 所示，设置内发光如图 5-38 所示。

图 5-36　宽为 42px 的圆角矩形

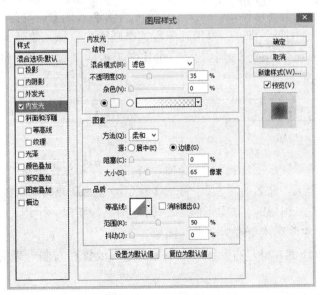

图 5-37　投影设置

图 5-38　内发光设置

(13) 将该层的填充设置为 0%，如图 5-39 所示，将其命名为"左"。

图 5-39　填充为 0%

(14) 选择工具箱中的椭圆工具，在其选项栏中调整选项，设置其颜色为♯fbedc7，其他设置如图 5-40 所示。

图 5-40　椭圆工具选项栏

(15) 按住 Shift＋Alt 键，从中心绘制一个圆，半径为 17px，命名为"圆"。

(16) 选择工具箱中的工具钢笔工具，绘制如图 的形状，命名为"电话"。

(17) 选择工具箱中的橡皮擦工具 ，在其选项栏中调整选项，如图 5-41 所示。

图 5-41　橡皮擦工具选项栏

(18) 在"电话"图层中用橡皮擦擦出高光部分，如图 。

(19) 将"圆"和"电话"图层放置在图 5-42 所示位置。

图 5-42　"圆"和"电话"图层的放置

(20) 将前景色设为♯fa7b0e，选择工具箱中的画笔工具 ，设置画笔直径为 1px，新建一个图层，画一个图形，即 ，再用画笔在这个圆圈中涂抹，效果为 。

(21) 选择工具箱中的横排文字工具，在其选项栏中调整选项，如图 5-43 所示，输入"3"，单击 按钮。

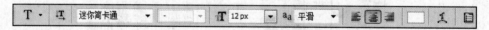

图 5-43　调整横排文字

(22) 选择"编辑"/"自由变换"选项，将"3"倾斜放置步骤(20)所在的行上。

(23) 新建一个组，命名为"左"。将从步骤(10)开始新建的图层放进该组。

(24) 复制"左"组中的"左"图层和"圆"图层，新建一个组，命名为"右"，将其拖曳进该组，将"左"图层更改为"右"图层。

(25) 按住 Shift 键，将"右"图层水平拖出来，放置在右侧合理的位置，如图 5-44 所示。

(26) 将前景色设为♯2d6512，选择工具箱中的工具，选择画笔工具，画笔直径为

1px，新建一个层，画一个图形，如☺，命名为"信息"。

（27）将"信息"放置到图中，效果如图5-45所示。

图5-44 "右"图层放置位置   图5-45 效果图

（28）将步骤（27）的图层放到"右"组中。

（29）选择工具箱中的横排文字工具，在其选项栏中调整选项，如图5-46所示，输入"向下滑动"，单击✔按钮。

图5-46 横排文字工具选项栏

（30）将该文字放置于"左"组和"右"组图案的中间偏下的位置，如图5-47所示。

图5-47 文字放置

（31）选择工具箱中的直线工具，在其选项栏中调整选项，如图5-48所示。

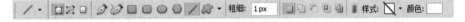

图5-48 直线工具选项栏

（32）画两条直线，形如∨，透明度设置为80%。

（33）复制该图形，平移至下方，透明度设置为50%，形如≈。

（34）将隐藏的背景1图层显示出来。

（35）至此解锁界面已经制作完成，效果如图5-49所示。

（36）新建组，命名为"解锁界面"，将以上的图层和组全部添加进该组，然后保存文件。

5.2.4 制作第二个界面背景

（1）打开"童趣主题手机界面设计"文件。

（2）隐藏界面背景1和解锁界面，显示头部。

（3）参照背景1的制作方法，将填充的背景图片改成

图5-49 解锁界面

蓝色。选择"图像"/"调整"/"色相/饱和度"选项，弹出"色相/饱和度"对话框，其参数设置如图 5-50 所示。

（4）单击"确定"按钮，改变色相。

（5）新建一个 800px×5300px 的文件，用颜色值为♯f396a1、♯4bbfbc、♯f8e7bb、♯edb697、♯6b4f43、♯cdc16f、♯16958a、♯fa8b94、♯eba77a、♯e29261 的颜色绘制正方形、圆形、五角星，大小随意（但是不能过大），然后随意放置。

（6）定义为图案，回到"童趣主题手机界面设计"文件，新建一个层，用油漆桶工具填充颜色，效果如图 5-51 所示。

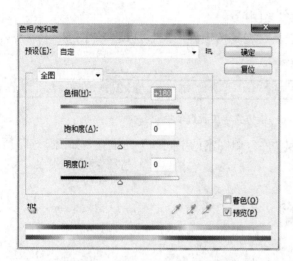

图 5-50　"色相/饱和度"对话框　　　　图 5-51　背景图片 2

（7）新建一个组，命名为"背景 2"，将以上制作过程中创建的层添加到其中，并保存文件。

5.2.5　制作主界面

（1）打开"童趣主题手机界面设计"文件。

（2）隐藏界面背景 1 和解锁界面，显示背景 2。

（3）选择工具箱中的矩形选框工具，选取一个 220px×5175pxr 的矩形，如图 5-52 所示。

（4）新建一个层，选择工具箱中的油漆桶工具，将前景色设为♯a9d8c6，填充到选区中，命名为"蓝色遮布"。

（5）将"头部"显示出来，效果如图 5-53 所示。

（6）制作天气显示。选择工具箱中的圆角矩形工具，在其选项栏中调整选项，如图 5-54 所示，画一个 194px×554px 的圆角矩形。

（7）选择"图层"/"图层样式"/"描边"选项，弹出"图层样式"对话框，其参数设置（颜色为♯f85a0d）如图 5-55 所示。

（8）单击"确定"按钮，进行描边。

（9）对该图层进行设置，如图 5-56 所示，命名为"天气框"。

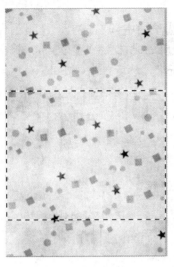

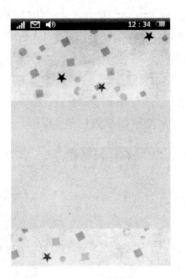

图 5-52　矩形选框　　　　　　　　　图 5-53　效果图

图 5-54　圆角矩形工具选项栏

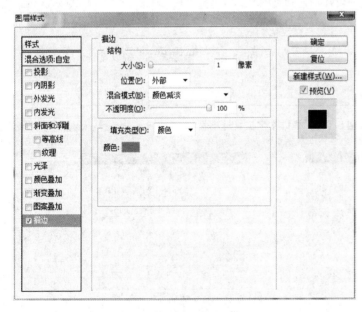

图 5-55　设置描边的参数　　　　　　图 5-56　图层设置

（10）"天气框"放置位置如图 5-57 所示。

（11）选择工具箱中的椭圆工具，将前景色设置为白色，画三个圆，即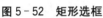。

（12）复制该图层两次，放置的位置为　　　。

（13）对复制的两个图层进行同样的"图层样式"的设置，如图 5-58 所示。新建一个组，命名为"云"，将这三个云的图层放入这个组。

101

（14）单击"确定"按钮，设置图层样式。

（15）选择工具箱中的横排文字工具，在其选项栏中调整选项，其颜色为♯2016512，其他设置如图 5-59 所示。输入文字"中国．四川．成都"、"湿度：40％"、"温度 18～25℃"、"11-16(周三)"，放置伴置如图 5-60 所示，然后单击✔按钮。

（16）将文字大小调整为 12px，输入"多云"；再将文字大小调整为 20px，输入"20℃"，单击✔按钮，放置位置如图 5-61 所示。

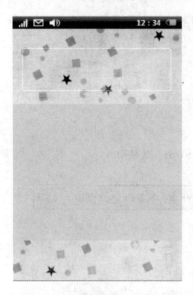

图 5-57　"天气框"放置位置

图 5-58　"图层样式"的设置

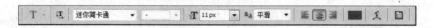

图 5-59　横排文字工具选项栏

图 5-60　文字的放置

图 5-61　文字的放置位置

（17）新建一个组，命名为"天气"，将这些文字图层、"云"组和"天气框"图层拖曳进去。

（18）制作文字。选择工具箱中的横排文字工具，在其选项栏中调整选项，其颜色为♯2d6512，其他设置如图 5－62 所示。输入"I'm Five."、"Thank You!"、"Really?"、"Don't you trust me?"、"No，I know you're not fine."、"Why..?"、"Because you said five not fine..."，放置位置如图 5－63 所示。

图 5－62 横排文字工具选项栏

图 5－63 文字放置位置

（19）单击✔按钮。新建一个组，命名为"文字"，将上面的文字图层拖曳进来。

（20）制作"爱心"图层。新建一个层，将前景色设为♯2d6512，选择工具箱中的画笔工具，画笔直径为 1px，手绘一个 52px×547px 的矩形，即▮。

（21）新建一个层，选择工具箱中的自定形状工具，在其选项栏中调整选项，其颜色为♯fa7boe，其他设置如图 5－64 所示。

图 5－64 自定形状工具选项栏

（22）选择工具箱中的橡皮擦工具，在其选项栏中调整选项，如图 5－65 所示。擦拭效果为♥。

图 5－65 橡皮擦工具选项栏

（23）新建一个组，命名为"爱心"，将框和"爱心"两个图层拖曳进来。

（24）制作页面显示标记。新建一个图层，重复步骤（19），但"爱心"形状要设置的小一些，如♥。选择"图层"/"图层样式"/"描边"选项，弹出"图层样式"对话框，其参数设置如图 5-66 所示。

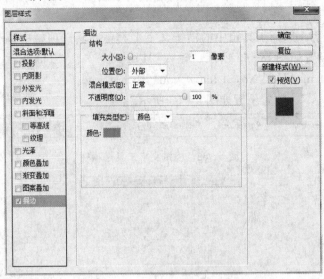

图 5-66　设置"描边"参数

(25) 单击"确定"按钮,设置描边。

(26) 用同样的方法画两个小圆,颜色为♯fa9a70,最后放置为 。

(27) 新建一个组,命名为"页面显示",将两个小圆和小"爱心"形状的图层拖曳进来。

(28) 制作主页图标。选择工具箱中的圆角矩形工具,在其选项栏中调整选项,暂时不设置颜色,如图 5-67 所示。画一个 25px×525px 的正方形,命名为"图标框"。

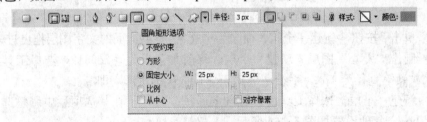

图 5-67　圆角矩形工具选项栏

(29) 选择"图层"/"图层样式"/"颜色叠加"选项,弹出"图层样式"对话框,设置其颜色为♯b8fc6f,其他设置如图 5-68 所示。再选择"图层"/"图层样式"/"描边",选项,弹出"图层样式"对话框,设置其参数,如图 5-69 所示。

(30) 单击"确定"按钮,设置"颜色叠加"和"描边"。

(31) 新建一个图层,重复步骤(19),画一个爱心,放在正方形的中间,重复步骤(27)。

(32) 按住 Ctrl 键,单击爱心的缩略图,新建一个图层,给这个图层添加图层蒙版 ,选择工具箱中画笔工具,画笔直径为 3px,在这个图层上画一些随意的线条,最终效果为 。新建一个组,命名为"主页",将上面两个图层拖曳进来。

(33) 制作"电话"图标。复制"图标框"图层,重复步骤(27),颜色叠加的颜色设置为♯f98dcf。新建一个图层,选择工具箱中画笔工具,画笔直径为 2px,手绘一个电话形状,效果为 。新建一个组,命名为"电话",将这两个图层拖曳进来。

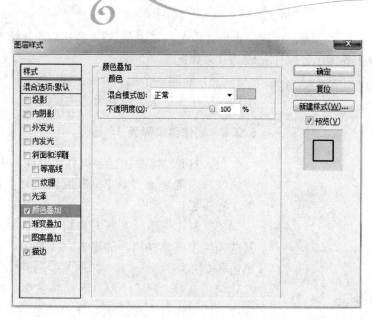

图 5-68 设置"颜色叠加"参数

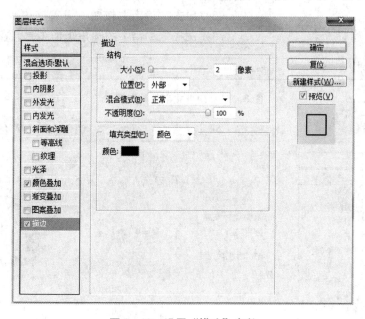

图 5-69 设置"描边"参数

（34）制作"相机"图标。复制"图标框"图层，重复步骤(27)，颜色叠加的颜色设置为♯6fc3f8。新建一个图层，选择工具箱中画笔工具，画笔直径为2px，手绘一个相机形状，效果为图。新建一个组，命名为"相机"，将这两个图层拖曳进来。

（35）制作"短信"图标。复制"图标框"图层，重复步骤(27)，颜色叠加的颜色设置为♯f9783f。新建一个图层，选择工具箱中画笔工具，画笔直径为2px，手绘一个短信形状，效果为图。新建一个组，命名为"短信"，将这两个图层拖曳进来。

（36）制作"浏览器"图标。复制"图标框"图层，重复步骤(27)，颜色叠加的颜色设置为♯f96e82。新建一个图层，选择工具箱中的画笔工具，画笔直径为2px，手绘一个

"浏览器"形状，效果为。新建一个组，命名为"浏览器"，将这两个层拖曳进来。

(37) 至此主界面已经制作完成，效果如图 5-70 所示。

图 5-70　主界面效果

(38) 新建一个组，将从"蓝色遮布"到"浏览器"组的图层拖曳进去，命名为"主页面"。

5.2.6　制作菜单界面

(1) 打开"童趣主题手机界面设计"文件。

(2) 隐藏界面背景 2、解锁界面和主界面，显示背景 1 和头部。

(3) 制作标题。选择工具箱中的横排文字工具，在其选项栏中调整选项，如图 5-71 所示，输入"ALL"，单击✓按钮。

(4) 选择"图层" / "图层样式" / "描边"选项，弹出"图层样式"对话框，设置颜色为♯dad8d8，其他设置如图 5-72 所示。

(5) 单击"确定"按钮，设置描边。

(6) 选择工具箱中的圆角矩形工具，在其选项栏中调

图 5-71　横排文字工具选项栏

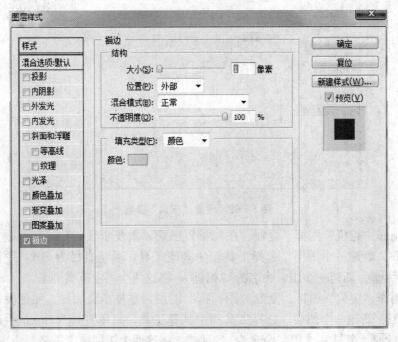

图 5-72　设置"描边"参数

整选项，其颜色设置为♯fa7b0e，其他设置如图 5-73 所示，画一个 54px×523px 的圆角矩形。

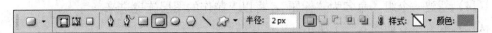

图 5-73 圆角矩形工具选项栏

（7）选择工具箱中的橡皮擦工具，在其选项栏中调整选项，如图 5-74 所示。擦拭效果为 ███。

图 5-74 橡皮擦工具选项栏

（8）新建一个图层，选择工具箱中的画笔工具，将前景色设置为＃de3e13，画笔直径为 3px，手绘为该圆角矩形加虚线边框，即 ███。

（9）将"ALL"放置在其正中心，即 ███。

（10）选择工具箱中的横排文字工具，在其选项栏中调整选项，其颜色设置为 ＃fcff01，其他设置如图 5-75 所示，输入"RECENT"，单击✔按钮。

图 5-75 横排文字工具选项栏

（11）选择"图层"/"图层样式"/"描边"，选项，弹出"图层样式"对话框，其颜色设置为＃9d9b02，其他设置如图 5-76 所示。

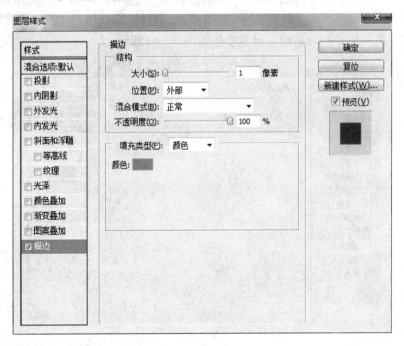

图 5-76 设置"描边"参数

（12）单击"确定"按钮，设置描边。

（13）重复步骤（11）～步骤（14）步骤，将文字改为"RUNNING"，字体颜色为 ＃f92525，描边颜色为＃960303。

（14）新建一个组，命名为"标题"，将以上制作的图层拖曳进来。

（15）放置位置如图 5-77 所示。

图 5-77　标题的放置位置

（16）制作主页大图标。重复步骤(7)～步骤(9)步骤，画一个 214px×535px 的圆角矩形，如▇▇▇▇▇▇▇。

（17）选择工具箱中的圆角矩形工具，在其选项栏中调整选项，颜色暂不设置，如图 5-78 所示，画一个 25px×525px 的正方形。

图 5-78　圆角矩形工具选项栏

（18）选择"图层"/"图层样式"/"颜色叠加"，选项，弹出"图层样式"对话框，设置其颜色为♯a76bfe，其他设置如图 5-79 所示。选择"图层"/"图层样式"/"描边"选项，弹出"图层样式"对话框，设置参数如图 5-80 所示。

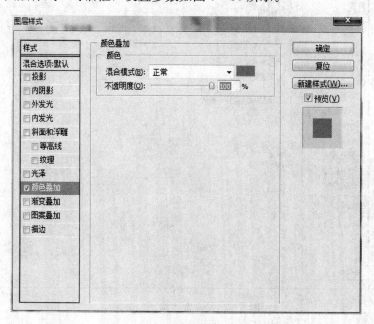

图 5-79　设置"颜色叠加"参数

（19）单击"确定"按钮，设置颜色叠加和描边。

（20）新建一个图层，选择工具箱中的画笔工具，画笔直径为 2px，手绘一个"家"的形状，效果为⊠。新建一个组，命名为"主页大图标"，将以上制作的层放拖曳进来。

（21）放置位置如图 5‒81 所示。

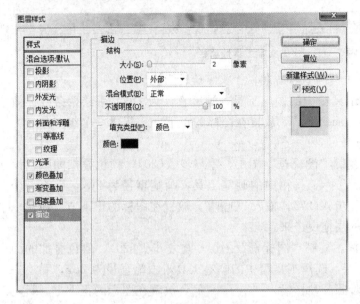

图 5‒80　设置"描边"参数　　　　　　　　图 5‒81　主页大图标的放置位置

（22）制作页面显示。按照 54.5 步骤（22）制作页面显示标记，最终为♡••••••，"爱心"颜色为♯9bea75，圆点颜色为♯fa9a70。新建一个组，命名为"页面显示"，将制作的层拖曳进来。

（23）放置位置如图 5‒82 所示。

（24）制作各功能图标。复制 54.5 中所制作的"相机"、"电话"、"短信"和"浏览器"图标组，复制好后将其拖曳出"主界面"组。

图 5‒82　页面显示的位置

（25）选择工具箱中的横排文字工具，在其选项栏中调整选项，如图 5‒83 所示，输入"相机"、"电话"、"信息"、"互联网"，单击✔按钮。

图 5‒83　横排文字工具选项栏

（26）放置位置如图 5‒84 所示。

图 5‒84　图标放置位置

（27）制作 Facebook 图标。复制"图标框"图层，重复步骤（20），颜色叠加的颜色设置为♯fdb0ba。选择工具箱中的横排文字工具，在其选项栏中调整选项，如图 5-85 所示，输入"Face"、"book"，单击✔按钮。

图 5-85 横排文字工具选项栏

（28）选择"编辑"/"自由变化"选项，将两个文字旋转为。

（29）新建一个图层，选择工具箱中的画笔工具，画笔直径为 2px，手绘两条线，效果为。重复步骤（27），输入"Facebook"，放置在图标的正下方。新建一个组，命名为"Facebook"，将制作的层拖曳进来。

（30）制作"地图"图标。复制"图标框"图层，重复步骤（20），颜色叠加的颜色设置为♯bb7da3。新建一个图层，选择工具箱中的画笔工具，画笔直径为 2px，手绘一个"导航"形状，效果如图。重复步骤（27），输入"地图"，放置在图标的正下方。新建一个组，命名为"地图"，将制作的层拖曳进来。

（31）制作"电子市场"图标。复制"图标框"图层，重复步骤（20），颜色叠加的颜色设置为♯9240ee。新建一个图层，选择工具箱中的画笔工具，画笔直径为 2px，手绘一个"购物车"，效果为。重复步骤（27），输入"电子市场"，放置在图标的正下方。新建一个组，命名为"电子市场"，将制作的层拖曳进来。

（32）制作"Gmail"图标。复制"图标框"图层，重复步骤（20），颜色叠加的颜色设置为♯5b38ef。选择工具箱中的横排文字工具，在其选项栏中调整选项，如图 5-86 所示，输入"Gmail"，单击✔按钮。

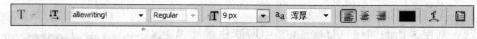

图 5-86 横排文字工具选项栏

（33）选择"编辑"/"自由变化"选项，将文字旋转为。

（34）新建一个图层，选择工具箱中的画笔工具，画笔直径为 2px，手绘两条线，效果为。重复步骤（27），输入"Gmail"，放置在图标的正下方。新建一个组，命名为"Gmail"，将制作的层拖曳进来。

（35）这四个图标的放置位置如图 5-87 所示。

图 5-87 图标放置位置

（36）制作"Google Talk"图标。复制"图标框"图层，重复步骤（20），颜色叠加的颜色设置为♯27bcbe。新建一个图层，选择工具箱中的画笔工具，画笔直径为2px，手绘一个"对话框"，效果为⬛。重复步骤（27），输入"Google Talk"，放置在图标的正下方。新建一个组，命名为"Google Talk"，将制作的层拖曳进来。

（37）制作"计算器"图标。复制"图标框"图层，重复步骤（20），颜色叠加的颜色设置为♯49eb64。新建一个图层，选择工具箱中的画笔工具，画笔直径为2px，手绘一个计算等式，效果为⬛。重复（27），输入"计算器"，放置在图标的正下方。新建一个组，命名为"计算器"，将制作的层拖曳进来。

（38）制作"日历"图标。复制"图标框"图层，重复步骤（20），颜色叠加的颜色设置为♯b0eb49。新建一个图层，选择工具箱中的画笔工具，画笔直径为2px，手绘一个"日历"，效果为⬛。重复步骤（27），输入"日历"，放置在图标的正下方。新建一个组，命名为"日历"，将制作的层拖曳进来。

（39）制作"Twitter"图标。复制"图标框"图层，重复步骤（20），颜色叠加的颜色设置为♯e6e437。新建一个图层，选择工具箱中的画笔工具，画笔直径为2px，手绘一个"T"，效果为⬛。重复步骤（27），输入"Twitter"，放置在图标的正下方。新建一个组，命名为"Twitter"，将制作的层拖曳进来。

（40）这四个图标的放置位置如图5-88所示。

图5-88　图标放置位置

（41）制作设置图标。复制"图标框"图层，重复步骤（20），颜色叠加的颜色设置为♯f99927。新建一个图层，选择工具箱中的画笔工具，画笔直径为2px，手绘一个"扳手"，效果为⬛。重复步骤（27），输入"设置"，放置在图标的正下方。新建一个组，命名为"设置"，将制作的层拖曳进来。

（42）制作"音乐"图标。复制"图标框"图层，重复步骤（20），颜色叠加的颜色设置为♯f52424。新建一个图层，选择工具箱中的画笔工具，画笔直径为2px，手绘一个"耳机"，效果为⬛。重复步骤（27），输入"音乐"，放置在图标的正下方。新建一个组，命名为"音乐"，将制作的层拖曳进来。

（43）制作"邮件"图标。复制"图标框"图层，重复步骤（20），颜色叠加的颜色设置为♯625bec。新建一个图层，选择工具箱中的画笔工具，画笔直径为2px，手绘一个@

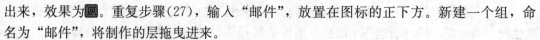

出来，效果为▣。重复步骤(27)，输入“邮件”，放置在图标的正下方。新建一个组，命名为“邮件”，将制作的层拖曳进来。

(44) 制作“时钟”图标。复制“图标框”图层，重复步骤(20)，颜色叠加的颜色设置为#ff2998。新建一个图层，选择工具箱中的画笔工具，画笔直径为2px，手绘“00：00”和两条线，效果为▣。重复步骤(27)，输入“时钟”，放置在图标的正下方。新建一个组，命名为“时钟”，将制作的层拖曳进来。

(45) 放置位置如图5-89所示。

(46) 至此菜单界面已制作完成，如图5-90所示。

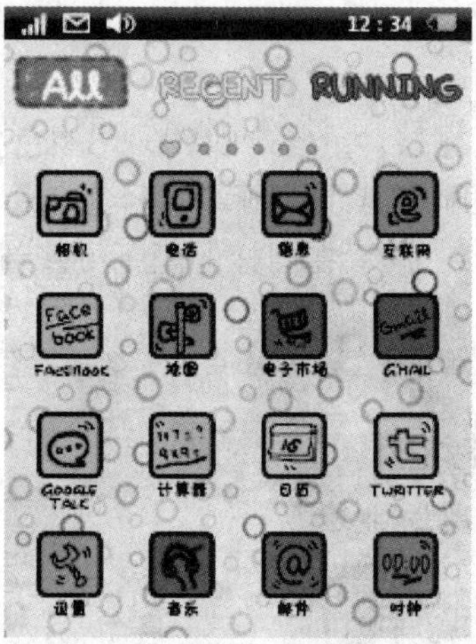

图5-89　图标放置位置

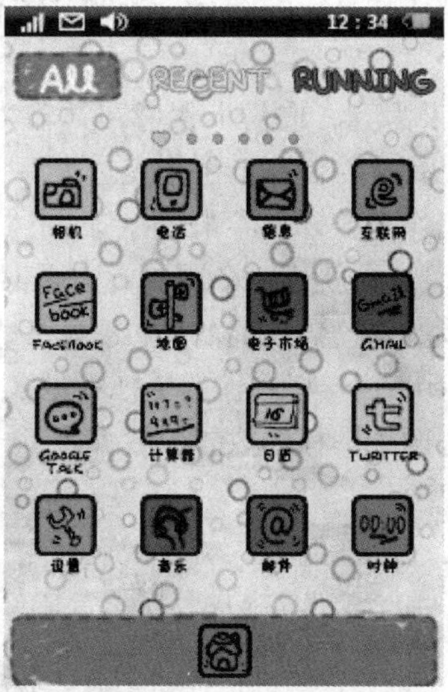

图5-90　菜单界面

(47) 新建一个组，命名为“菜单界面”，将“标题”组至“时钟”组拖曳进来，并保存文件。

5.2.7　制作通话、短信记录界面

(1) 打开“童趣主题手机界面设计”文件。

(2) 隐藏界面背景1、界面背景2、解锁界面、主界面和菜单界面，显示头部。

(3) 制作界面的框架。选择工具箱中的圆角矩形工具，在其选项栏中调整选项，设置其颜色为#f6e4b6，其他设置如图5-91所示，画一个130px×5300px的正方形。

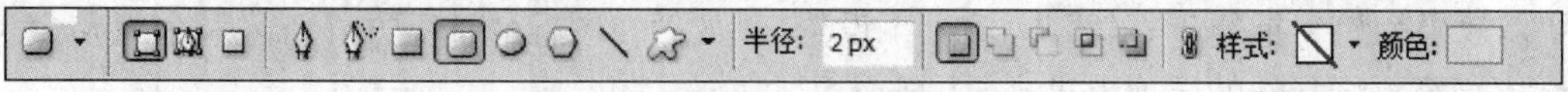

图5-91　圆角矩形工具选项栏

(4) 选择“图层”/“图层样式”/“描边”，选项，弹出“图层样式”对话框，设置其颜色为#f85e1a，其他设置如图5-92所示。

(5) 单击“确定”按钮，设置描边。

(6) 将其放置在距离头部、右面和下面各10px的地方。

(7) 选择工具箱中的直线工具，在其选项栏中调整选项，设置其颜色为#fa7b0e，其

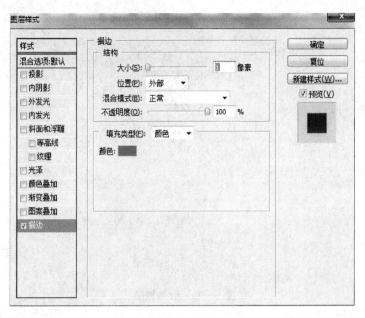

图 5 - 92　设置"描边"参数

他设置如图 5 - 93 所示。画两条直线，放置为 ✔。

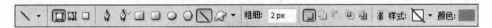

图 5 - 93　直线工具选项栏

（8）选择工具箱中的橡皮擦工具，在其选项栏中调整选项，如图 5 - 94 所示。擦拭效果为 ⌃。

图 5 - 94　橡皮擦工具选项栏

（9）复制该图层，选择"编辑"/"变换"/"垂直翻转"选项，效果为 ✔。

（10）大体框架如图 5 - 95 所示。

（11）新建一个组，命名为"框架"，将这三个图层拖曳进来。

（12）制作"时间显示"图标。选择工具箱中的横排文字工具，在其选项栏中调整选项，设置颜色为♯2d6512，其他设置如图 5 - 96 所示。输入"11：00"，单击✔按钮。

（13）重复步骤(13)，输入"10：00"和"12：00"，字号设为"25px"，将图层的透明度设置为"80％"。

（14）重复步骤(13)，输入"9：00"和"13：00"，字号设为"23px"，将图层的透明度设置为"70％"。

（15）重复步骤(13)，输入"8：00"和"14：00"，字号设为"21px"，将图层的透明度设置为"60％"。

（16）重复步骤(13)，输入"7：00"和"15：00"，字号设为"20px"，将图层的透明度设置为"50％"。

（17）放置位置如图 5 - 97 所示。

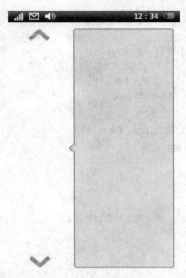

图 5-95　大体框架

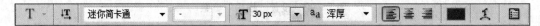

图 5-96　横排文字工具选项栏

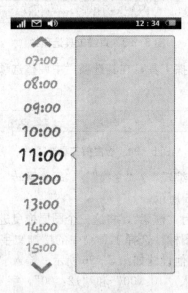

图 5-97　时间放置位置

（18）新建一个组，命名为"时间"，将输入的时间的图层拖曳进来。

（19）制作头像（以樱桃小丸子头像为参照）。绘制小丸子的线稿图（可以随意参照小丸子的图片绘制）。这里一共绘制了四个头像，如图 5-98 所示。

（20）给线稿图上色。选择画笔工具，均匀涂抹。

图一：头发的颜色值为＃1c232b，脸、手、脖子、耳朵的颜色值为＃f7d3c7，嘴巴的颜色值为＃9e3961，红脸蛋的颜色值为＃f6888b，背景的颜色值为＃84b86d，衣服的颜色

图 5-98　小丸子的线稿图

值为♯fdfbfc，衣服上的花纹的颜色值为♯dc2555，衣服的腰带的颜色值为♯df5765，手下面的圆盘的颜色值为♯b0edf0。效果如图 5-99 所示。

　　图二：头发的颜色值为♯1c232b，脸、手、脖子、耳朵的颜色值为♯f7d3c7，嘴巴的颜色值为♯9e3961，红脸蛋的颜色值为♯f6888b，衣服的颜色值为♯feffdc，手上的东西的颜色值为♯7c4a33、♯f4d2a2 间隔涂抹，背景上部分的颜色值为♯cfb65c，背景下部分的颜色值为♯feffbb。效果如图 5-100 所示。

图 5-99　图一　　　　　　　　　　　　图 5-100　图二

　　图三：头发的颜色值为♯1c232b，脸、手、脖子、耳朵的颜色值为♯f7d3c7，嘴巴的颜色值为♯9e3961，红脸蛋的颜色值为♯f6888b，眼睛的颜色值为♯ffffff，衣服的颜色值为♯fddb3c，衣服上的背带的颜色值为♯cf5e58，背景的颜色值为♯fbddf7。效果图 5-101 所示。

　　图四：头发的颜色值为♯1c232b，脸、手、脖子、耳朵的颜色值为♯f7d3c7，嘴巴的颜色值为♯9e3961，红脸蛋的颜色值为♯f6888b，眼泪的颜色值为♯fafbf5，衣服的颜色值为♯fddb3c，衣服上的背带的颜色值为♯cf5e58，背景上部分的颜色值为♯a97993，背景下部分的颜色值为♯f9e2d2。效果如图 5-102 所示。

图 5-101　图三　　　　　　　　　　　　图 5-102　图四

（21）将解锁界面的"电话"和"信息"图层复制并拖曳出"解锁界面"组。

（22）选择工具箱中的横排文字工具，在其选项栏中调整选项，设置其颜色为♯f85e1a，其他设置如图5-103所示。输入"1封未读短信"、"1未接来电"，单击✔按钮。

图5-103 横排文字工具选项栏

（23）新建一个组，命名为"1"，将图一和"电话"、"信息"和文字图层拖曳进来。放置位置如图5-104所示。

（24）重复步骤（22），颜色设置为♯000000，输入"25条短信"、"10分钟前拨打"，复制"1"组的"电话"和"信息"图层并拖曳出来。新建一个组，命名为"2"，将这些图层拖曳进去。

（25）重复步骤（22），输入"1条草稿"（颜色值为♯2d6512）、"5分钟前接听"（颜色值为♯000000），复制"1"组的"电话"和"信息"图层并拖曳出来。新建一个组，命名为"3"，将这些图层拖曳进去。

（26）重复步骤（22），输入"3封未读短信"（颜色值为♯f85e1a）、"7分钟前拨打"（颜色值为♯000000），复制"1"组的"电话"和"信息"图层并拖曳出来。新建一个组，命名为"4"，将这些图层拖曳进去。

（27）至此菜单界面已制作完成，显示背景1，如图5-105所示。

图5-104 放置图一　　　　图5-105 通话、短信记录界面

（28）新建一个组，命名为"通话、短信记录界面"，将"框架"组到"4"组都拖曳进来，并保存文件。

5.2.8 制作短信显示界面

（1）打开"童趣主题手机界面设计"文件。

（2）隐藏界面背景1，解锁界面，主界面，菜单界面和通话、短信记录界面，显示背景2和头部。

（3）制作上部分。选择工具栏中的矩形选框工具，选取一个220px×536px的矩形框。新建一个图层，将前景色设为♯a7dcc6，选择工具箱中的画笔工具，画笔直径为2px，在这个选区内随意涂抹，效果如图5-106所示。

图5-106　矩形选框绘制

（4）复制一次"菜单界面"中的"图标框"图层，并将其拖曳出该组。选择"图层"/"图层样式"/"颜色叠加"选项，弹出"图层样式"对话框，将其颜色设置为♯a7dcc6。复制"通话、短信记录界面"中的"电话"图层，并将其拖曳出该组，放置为 。

（5）选择工具箱中的横排文字工具，在其选项栏中调整选项，设置其颜色为♯356d1e，其他设置如图5-107所示。输入"苏大悦"、"12345678901"，单击 。

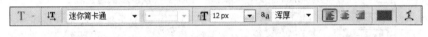

图5-107　横排文字工具选项栏

（6）复制"通话、短信记录界面"中的"图一"图层，并将其拖曳出该组。选择"编辑"/"自由变换"选项，其参数设置如图5-108所示。

图5-108　设置"自由变换"参数

（7）新建一个组，命名为"上面"，将上面的图层拖曳进来，并且放置位置如图5-109所示。

图5-109　放置图

（8）制作下部分。选择工具栏中的矩形选框工具，选取一个220px×536px的矩形框。新建一个图层，选择工具箱中的油漆桶工具，将前景色设为♯a7dcc6，填充到选区中，放置在页面最下面。

（9）复制"图标框"图层，拖曳出该组。选择"编辑"/"自由变换"选择，其参数设置如图5-110所示。

图5-110　设置"自由变换"参数

（10）选择工具箱中的自定形状工具，在其选项栏中调整选项，设置其颜色为♯356d1e，其他设置如图5-111所示。绘制四个箭头，选择"编辑"/"自由变换"选项来调整箭头的方向，调整后效果为。

图5-111　自定形状工具选项栏

（11）新建一个组，命名为"大屏幕输入"，将"图标框"和箭头图层拖曳进去，效果为。

（12）复制"图标框"图层，拖曳出该组。选择"编辑"/"自由变换"选项，其设置如图5-112所示。选择"图层"/"图层样式"/"斜面和浮雕"，选项，弹出"图层样式"对话框，其参数设置如图5-113所示；选择"图层"/"图层样式"/"颜色叠加"选项，弹出"图层样式"对话框，设置其颜色为♯a7dcc6，其他设置如图5-114所示。

图5-112　设置"自由变换"参数

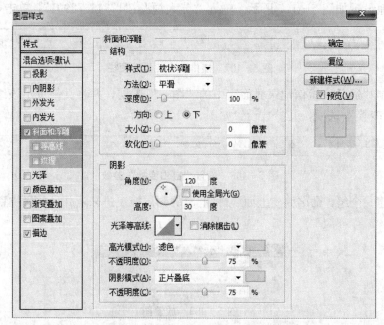

图5-113　设置"斜面和浮雕"参数

（13）选择工具箱中的横排文字工具，在其选项栏中调整选项，设置其颜色为♯898c8b，其他设置如图5-115所示，输入"输入内容"单击✔按钮。

（14）新建一个组，命名为"输入框"，将"图标框"和文字图层拖曳进去，效果为。

（15）复制"图标框"图层，拖曳出该组。选择"编辑"/"自由变换"选项，设置如图5-116所示。

（16）选择工具箱中的横排文字工具，在其选项栏中调整选项设置其颜色为♯356d1e，其他设置如图5-117所示。输入"发送"、"(70)/1"，单击✔按钮。

（17）新建一个组，命名为"发送框"，将"图标框"和文字图层拖曳进来，效果为。

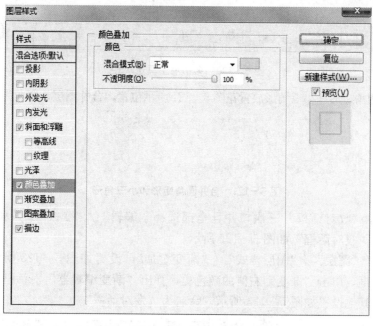

图5-114　设置"颜色叠加"参数

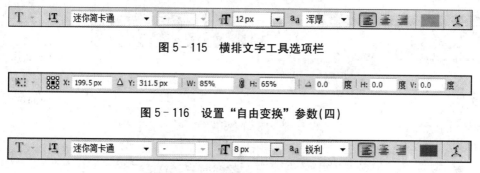

图5-115　横排文字工具选项栏

图5-116　设置"自由变换"参数(四)

图5-117　横排文字工具选项栏

（18）新建一个组，命名为"下面"，将一个矩形框和三个图层组拖曳进来，效果如图5-118所示。

图5-118　效果图

（19）选择工具箱中的圆角矩形工具，在其选项栏中调整选项，如图5-119所示，画一个128px×536px的圆角矩形。

图5-119　圆角矩形工具选项栏

（20）选择工具箱中的多边形工具，在其选项栏中调整选项，如图5-120所示，画一个小三角形。

图5-120　多边形工具选项栏

（21）将圆角矩形和小三角形放置花图5-121所示位置，合并图层，命名为"收对话框"。

图5-121　合并圆角矩形和小三角形

（22）复制"收对话框"三次，并且全部选择"编辑"/"变换"/"水平翻转"，选项，水平翻转"收对话框"如图5-122所示。

（23）选择"图层"/"图层样式"/"渐变叠加"，设置如图5-123所示，弹出"图层样式"对话框，单击"渐变"右侧的颜色史，弹出"渐变编辑器"对话框，设置其颜色为#437a32，其他设置如图5-124所示，命名为"发对话框"。

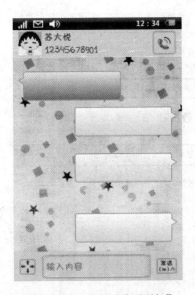

图5-122　复制"收对话框"

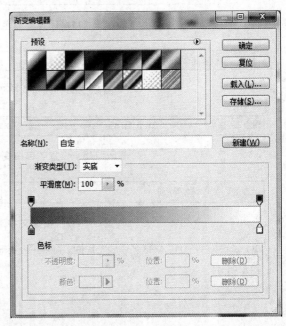

图5-123　设置"渐变叠加"参数

（24）复制"发对话框"一次，选择"编辑"/"自由变换"选项，其参数设置如图5-125所示。

（25）所有对话框的放置位置如图5-126所示。

（26）选择工具箱中的横排文字工具，在其选项栏中调整选项，如图5-127所示。输入"我叫苏大悦，这是我做的手机主题！"、"好的，我会好好欣赏的，做的不错哟～"、"昨天我看了，真的做的很可爱，我很喜欢呢。"、"O(∩_∩)O谢谢～"、"O(∩_∩)O～期待你更好的作品噢～"单击✓按钮。

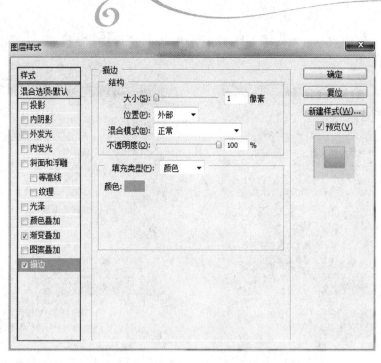

图 5－124　设置"描边"参数

图 5－125　设置"自由变换"参数

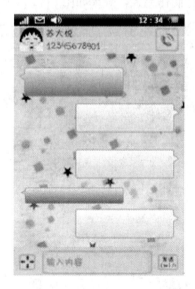

图 5－126　对话框的放置位置

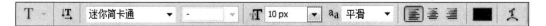

图 5－127　横排文字工具选项栏

（27）文字放置位置如图 5－128 所示。

121

（28）重复步骤(26)，输入"11 月 27 日 20：32"、"11 月 28 日 07：32"，放置位置如图 5‑129 所示。

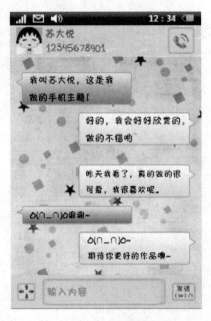

图 5‑128 文字放置位置

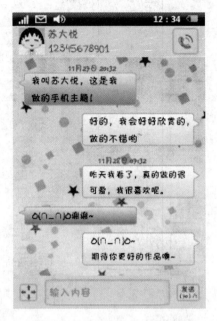

图 5‑129 日期和时间的放置

（29）新建一个组，命名为"内容"，将文字图层和、收对话框、发对话框拖曳进来。

（30）至此短信显示界面已制作完成，效果如图 5‑130 所示。

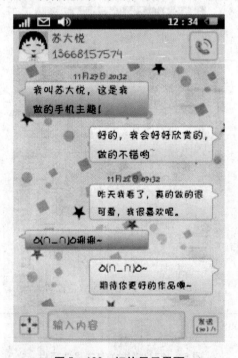

图 5‑130 短信显示界面

（31）新建一个组，命名为"短信界面"，将以上制作的图层组拖曳进来，并保存文件。

5.2.9　制作拨号界面

（1）打开"童趣主题手机界面设计"文件。

（2）隐藏界面背景1，解锁界面，主界面，菜单界面，通话、短信记录界面和短信显示界面，显示背景2和头部。

（3）制作上部分。选择工具栏中的矩形选框工具，选取一个220px×535px的矩形框。新建一个图层，选择工具箱中的油漆桶工具，将前景色设为白色，填充到选区中，紧挨着头部放置。

（4）选择"图层"/"图层样式"/"渐变叠加"选项，弹出"图层样式"对话框，单击"渐变"右侧的颜色块，弹出"渐变编辑器"对话框，设置其颜色为♯a7dcc6，其他设置如图5-131所示。

图5-131　设置"渐变叠加"参数

（5）选择工具栏中的矩形选框工具，选取一个150px×535px的矩形框。新建一个图层，选择工具箱中的油漆桶工具，将前景色设为♯a7dcc6，填充到选区中，即。

（6）新建一个图层，选择工具箱中的画笔工具，将前景色设置为♯437a32，画笔直径为1px，按住Shift键，画一条直线，长度为35px。选择"图层"/"图层样式"/"斜面和浮雕"，选项，弹出"图层样式"对话框，其参数设置如图5-132所示。放置为。

（7）选择工具箱中的矩形工具，在其选项栏中调整选项，设置其颜色为♯437a32，其他设置如图5-133所示。画九个小正方形，放置为。

（8）新建一个图层，选择工具箱中的画笔工具，画笔直径为1px，将前景色设置为

♯437a32，手绘九个小正方行的边缘，如图▦。

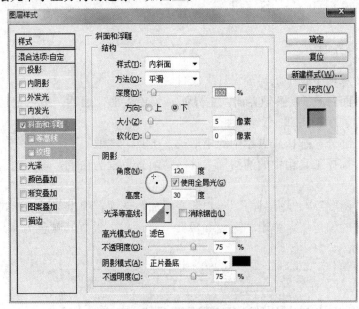

图 5-132　设置"斜面和浮雕"参数

图 5-133　矩形工具选项栏

（9）选择工具箱中的横排文字工具，在其选项栏中调整选项，如图 5-134 所示，输入"拨号键盘"单击✔按钮。

图 5-134　横排文字工具选项栏

（10）新建一个组，命名为"拨号键盘"，将方格、描边和文字图层拖曳进来，放置为▦。

（11）复制"通话、短信记录界面"中的"电话"、"信息"图层，并拖曳出该组。选择工具箱中的橡皮擦工具将"电话"图层修改为✆。新建一个图层，选择工具箱中的画笔工具，画笔直径为1px，将前景色设置为♯437a32，手绘&，即&。

（12）重复步骤（9），输入"通话&信息记录"，新建一个组，命名为"通话记录"，将"电话"、"信息"、"&"和文字图层拖曳进来，放置为▦。

（13）新建一个图形层，选择工具箱中的画笔工具，画笔直径为1px，将前景色设置为♯437a32，手绘两个类似人的图形，如👥。重复步骤（9），输入"联系人"，新建一个组，命名为"联系人"，将手绘的人和文字拖曳进来，放置为▦。

（14）新建一个组，命名为"上面"，将上面制作的所有图层拖曳进来。

（15）制作"键盘"部分。选择工具栏中的矩形选框工具，选取一个 220px×5160px 的矩形框。新建一个图层，选择工具箱中的油漆桶工具，将前景色设为＃a7d7c2，填充到选区中。

（16）重复步骤（6），画两条竖线（长度为132px），画五条横线（长度为220px），放置位置如图5-135所示。新建一个组，命名为"线"，将这些线全部拖曳进来。

图5-135　线的放置位置

（17）选择工具箱中的圆角矩形工具，在其选项栏中调整选项，设置其颜色为＃f85d1b，其他设置如图5-136所示，画一个22px×516px的圆角矩形。

图5-136　圆角矩形工具选项栏

（18）选择"图层"/"图层样式"/"斜面和浮雕"，选项，弹出"图层样式"对话框，其参数设置如图5-137所示。

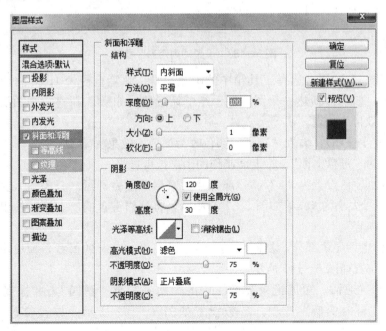

图5-137　设置"斜面和浮雕"参数

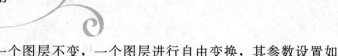

（19）复制两个这个图层，一个图层不变，一个图层进行自由变换，其参数设置如图 5-138 所示。

图 5-138　设置"自由变换"参数

（20）放置为 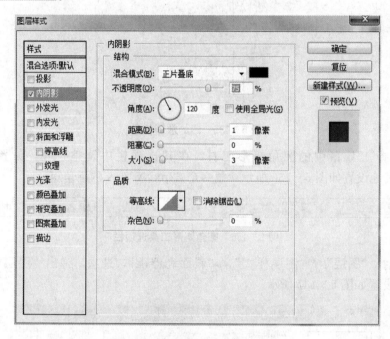。

（21）重复步骤（17），画一个 140px×520px 的白色圆角矩形。选择"图层"/"图层样式"/"内阴影"，选项，弹出"图层样式"对话框，参数设置如图 5-139 所示，放置为 ▩▩▩▩。

图 5-139　设置"内阴影"参数

（22）新建一个图层，选择工具箱中的画笔工具，画笔直径为 1px，将前景色设置为白色，手绘↓，如↓。新建一个图层，手绘电话形状，如📞。新建一个图层，手绘删除形状，如⌫。效果为 ↓📞　　　⌫。

（23）重复步骤（9），输入"151"，颜色改为黑色。效果为 ↓📞 151　　　⌫。新建一个组，命名为"键盘上面"，将上面制作的图层拖曳进来。

（24）键盘（颜色设置为♯477c36）部分请大家参照图做即可，只需输入文字。数字大小为 20px，字母大小为 9px，如图 5-140 所示，将制作键盘的所有图层拖曳进一个新建组，命名为"内容"。

（25）制作电话显示部分。复制"线"组中的长为 220px 的横线，拖曳出该组，并复制三次，放置位置如图 5-141 所示。

（26）复制"通话、短信记录界面"中的"图一"至"图四"，并拖曳出该组。选择"编辑"/"自由变换"选项，参数设置如图 5-142 所示。放置位置如图 5-143 所示。

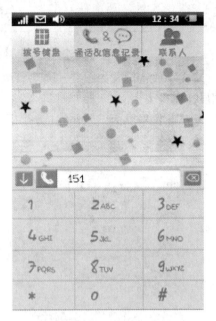

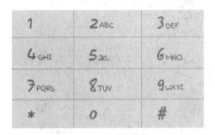

图 5-140 键盘

图 5-141 横线放置位置

图 5-142 设置"自由变换"参数

图 5-143 图片的放置位置

（27）选择工具箱中的横排文字工具，在其选项栏中调整选项，如图 5-144 所示。输入 "GINY"、"15198261234"、"JENNY"、"13661517890"、"TINA"、"15112345611"、"SARA"。其中，"151" 这三个数字颜色为#f85d1b，单击✓按钮。

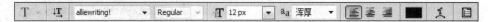

图 5-144　横排文字工具选项栏

（28）文字放置位置如图 5-145 所示。新建一个组，命名为"电话显示"，将上面制作的图层拖曳进去。

（29）至此拨号界面已制作完成，如图 5-146 所示。

图 5-145　文字放置位置

图 5-146　拨号界面

（30）新建一个组，命名为"拨号界面"，将制作的所有图层组拖曳进来，并保存文件。

课 后 习 题

尝试用 Photoshop 完成图 5-147 所示的页面。

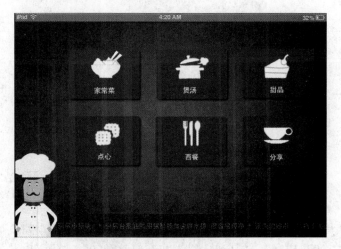

图 5-147　课后习题图

第 6 章

图 标 设 计

学习目标

（1）了解图标的设计方法。

（2）掌握图标的制作流程，能独立操作、灵活运用。

效果预览

本章的图标设计有一个背景界面，四个图标，效果图如图 6-1～图 6-6 所示。

图 6-1　背景界面

图 6-2　播放图标

图 6-3　设置图标

图 6-4 收纳图标

图 6-5 音乐播放图标

图 6-6 最终效果

6.1 制 作 流 程

本章图标设计制作的流程示意图如图 6-7 所示。

①添加幕布　　　　②背景制作　　　　③播放图标

⑥单薄播放图标　　　⑤收纳图标　　　④设置图标

图 6-7 流程示意图

6.2 步骤详解

6.2.1 制作背景界面

（1）选择"文件"/"新建"选项，弹出"新建"对话框，参数设置如图 6-8 所示。

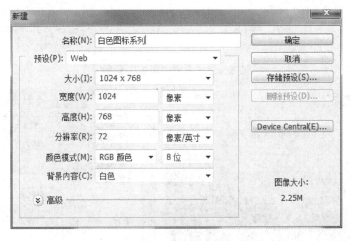

图 6-8 "新建"对话框

（2）单击"确定"按钮，创建一个新文件。

（3）双击"图层"面板中的"背景"，弹出"新建图层"对话框，单击"确定"按钮，得到新建图层"图层 0"，如图 6-9～图 6-11 所示。

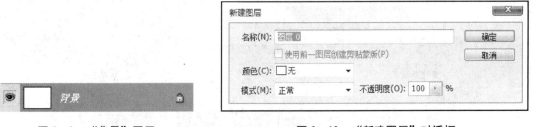

图 6-9 "背景"图层　　　　　　图 6-10 "新建图层"对话框

图 6-11 图层 0

（4）选择工具箱中的渐变工具，并单击颜色条调整颜色。

（5）在其选项栏中调整选项，如图 6-12 所示。

图 6-12 渐变工具选项栏

（6）按住 Shift 键，由上往下拖动到页面边缘停止，得到渐变效果，如图 6-13～图 6-16 所示。

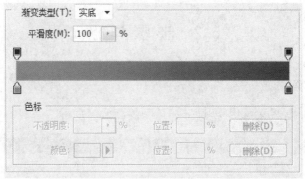

图 6-13 设置"渐变"参数

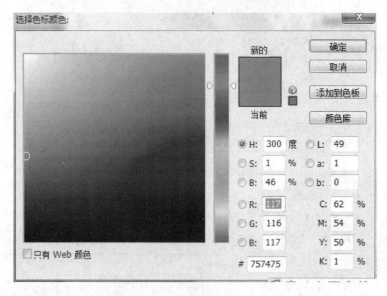

图 6-14 选择渐变颜色(一)

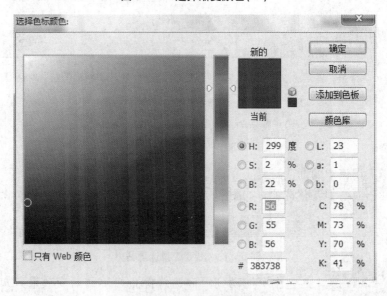

图 6-15 选择渐变颜色(二)

图 6-16　幕布

(7) 选择工具箱中的横排文字工具，并在其选项栏中调整选项，如图 6-17 和图 6-18 所示。

图 6-17　"write"图层

图 6-18　横排文字工具选项栏(一)

(8) 按住 Ctrl＋T 组合键，选择"编辑"/"自由变换"选项，旋转文字方向，如图 6-19 所示。

图 6-19　背景(一)

(9) 重复步骤(7)、步骤(8)，如图 6-20～图 6-28 所示。

图 6-20　"icon"图层

图 6-21　横排文字工具选项栏(二)

图 6-22　背景(二)

图 6-23　"Series"图层

图 6-24　横排文字工具选项栏(三)

图 6-25　背景(三)

图 6-26　"白色图标系列"图层

图 6-27　横排文字工具选项栏(四)

图6-28 背景(四)

6.2.2 制作播放图标

（1）选择工具箱中的圆角矩形工具，在其选项栏中调整选项，如图6-29所示，然后右击"图层"面板中的"形状1"，弹出快捷菜单，选择"栅格化图层"选项，对图层进行栅格化操作。

图6-29 圆角矩形工具选项栏

（2）选择工具箱中的渐变工具，并单击颜色条调整颜色，如图6-30～图6-33所示。

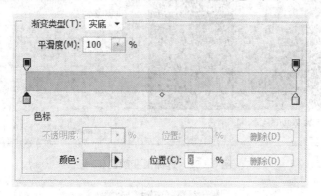

图6-30 设置"渐变"参数

（3）选中"图层"面板中的"形状1"，选择"图层"/"图层样式"/"内阴影"选项，弹出"图层样式"对话框，参数设置如图6-34所示。按同样方法，设置"内发光"、"渐变叠加"的参数，如图6-35和图6-36所示。

（4）按步骤（2）的操作，设置渐变效果，如图6-37～图6-39所示，完成后的"形状1"如图6-40所示。

（5）选择工具箱中的圆角矩形工具，并在其选项栏中调整选项，如图6-41所示，然后右击"图层"面板中的"形状2"，弹出快捷菜单选择"栅格化图层"选项。

（6）选择工具箱中的渐变工具，并单击颜色条调整颜色，如图6-42所示。

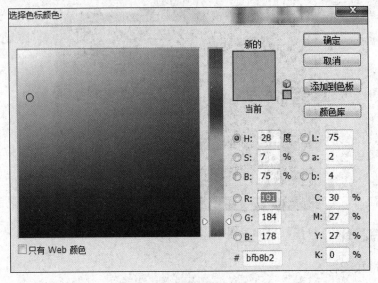

图 6-31 选择渐变颜色(一)

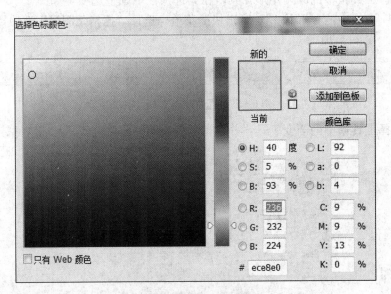

图 6-32 选择渐变颜色(二)

图 6-33 形状 1

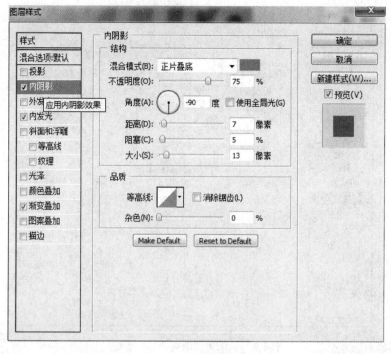

图 6-34 设置"内阴影"参数

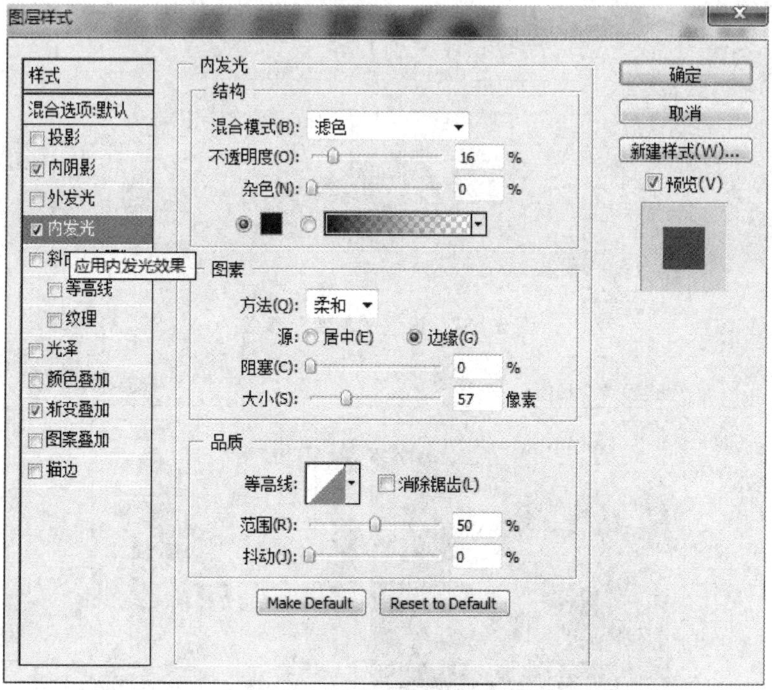

图 6-35 设置"内发光"参数

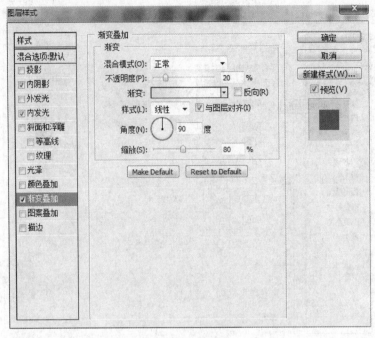

图 6-36　设置"渐变叠加"参数

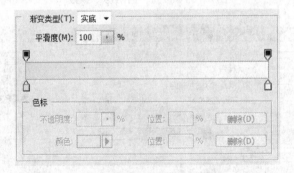

图 6-37　设置"渐变"参数

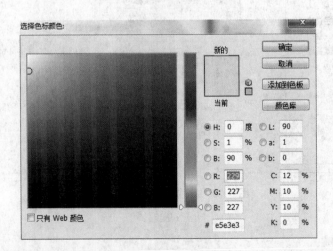

图 6-38　选择渐变颜色(一)

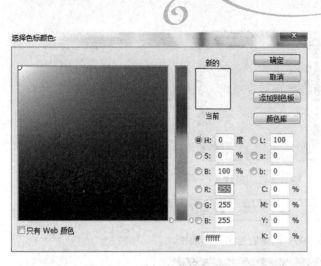

图6-39 选择渐变颜色(二)

图6-40 完成后的"形状1"

图6-41 圆角矩形工具选项栏

图6-42 渐变工具选项栏

(7) 选择"编辑"/"描边"选项,弹出"描边"对话框,参数设置如图6-43和图6-44所示。

图6-43 "描边"对话框

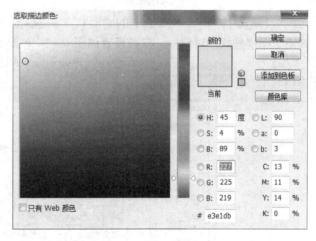

图6-44 选择"描边"颜色

(8) 将"形状2"放置在"形状1"对齐偏上的位置,完成后如图6-45所示。

(9) 选择工具箱中的圆角矩形工具,在其选项栏中调整选项,如图6-46所示,然后右击"图层"面板中的"形状3",弹出快捷菜单,选择"栅格化图层"选项,完成后如图6-47所示。

(10) 选择"滤镜"/"模糊"/"高斯模糊"选项,弹出"高斯模糊"对话框,参数设置如图6-48所示,完成后的"形状3"如图6-49所示。

图 6-45　形状 2

图 6-46　圆角矩形工具选项栏

图 6-47　"形状 3"　　　　　图 6-48　"高斯模糊"对话框　　　　　图 6-49　完成后的"形状 3"

　　（11）选中"图层"面板中的"形状 3"，选择"图层"/"图层样式"/"投影"选项，弹出"图层样式"对话框，参数设置如图 6-50 和图 6-51 所示。按同样方法，设置"内阴

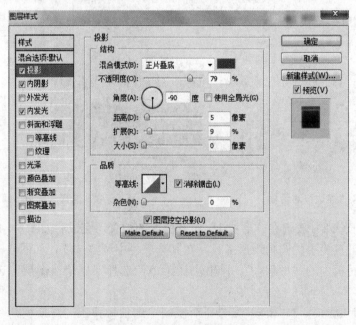

图 6-50　设置"投影"参数

影"、"内发光"的参数，如图6-52~图6-55所示，设置完成后的"形状3"如图6-56所示。

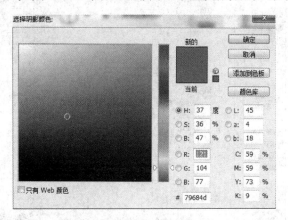

图6-51 选择"投影"颜色

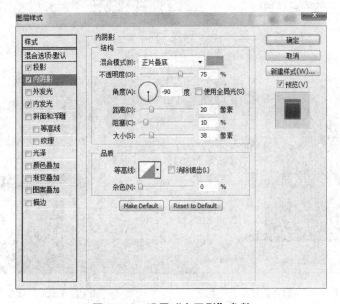

图6-52 设置"内阴影"参数

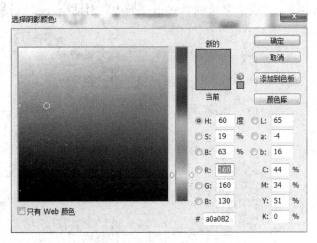

图6-53 选择"内阴影"颜色

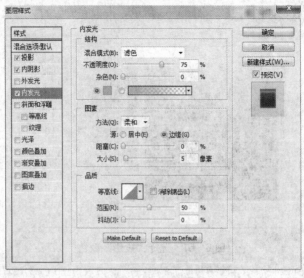

图6-54 设置"内发光"参数

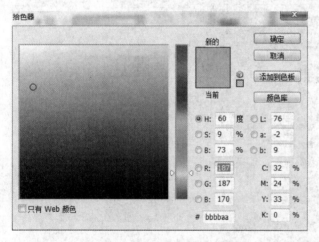

图6-55 选择"内发光"颜色

图6-56 设置完成后的"形状3"

（12）选择"编辑"/"描边"选项，弹出"描边"对话框，参数设置，如图6-57和图6-58所示。

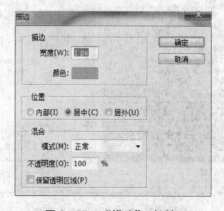

图6-57 "描边"对话框

（13）将"形状3"放置于"形状2"上面，效果图如图6-59所示。

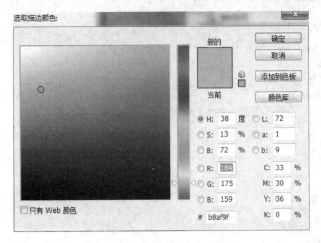

图6-58 选择"描边"颜色   图6-59 效果图

（14）选择工具箱中的椭圆工具，按住 Shift＋Alt 组合键，用鼠标拖动出一个正圆，得到"形状4"，其前景色设置如图6-60所示，其放置位置如图6-61所示。

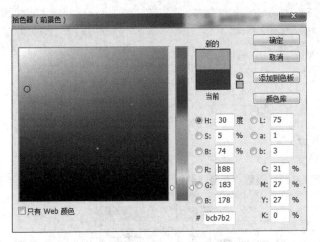

图6-60 选择"形状4"的前景色   图6-61 "形状4"放置位置

（15）选中"图层"面板中的"形状4"，选择"图层"/"图层样式"/"描边"选项，弹出"图层样式"对话框，参数设置如图6-62所示。按照步骤（2）的操作，设置渐变效果，如图6-63～图6-65所示，得到的效果图如图6-66所示。

（16）同步骤（14），绘制比"形状4"小一些的正圆"形状5"，其如图6-67所示，得到的"形状5"如图6-68所示。

（17）选中"图层"面板中的"形状5"，选择"图层"/"图层样式"/"投影"选项，弹出"图层样式"对话框，参数设置如图6-69和图6-70所示。按同样的方法，设置"内阴影"，"斜面和浮雕"的参数，如图6-71～图6-74所示。

（18）得到的效果图如图6-75所示。

（19）复制"形状4"、"形状5"，得到"形状4副本"、"形状5副本"。

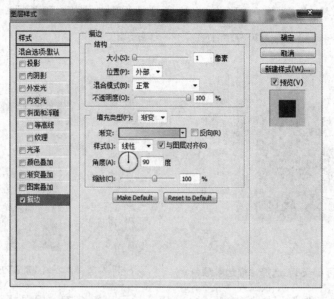

图 6-62　设置"描边"参数

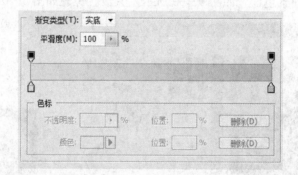

图 6-63　设置"渐变"参数

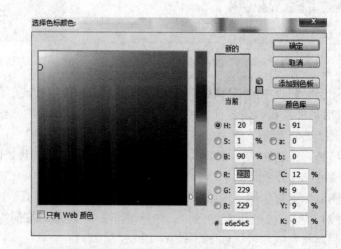

图 6-64　选择渐变颜色(一)

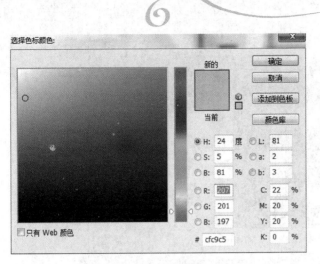

图 6-65 选择渐变颜色(二)

图 6-66 得到的效果图

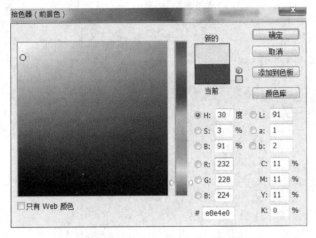

图 6-67 "形状 5"的前景色

图 6-68 "形状 5"

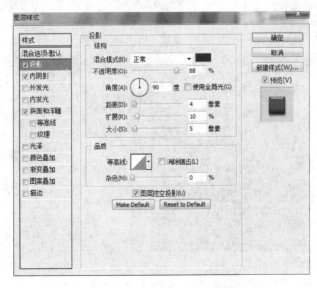

图 6-69 设置"投影"参数

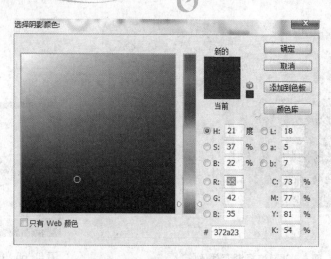

图 6-70 选择"投影"颜色

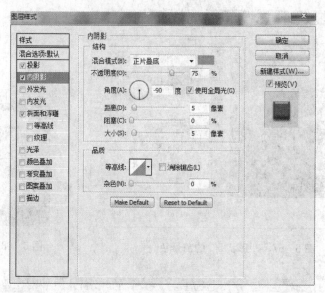

图 6-71 设置"内阴影"参数

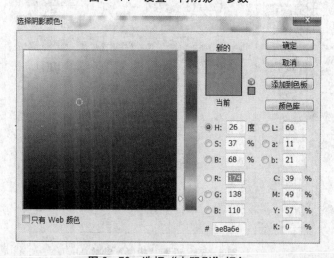

图 6-72 选择"内阴影"颜色

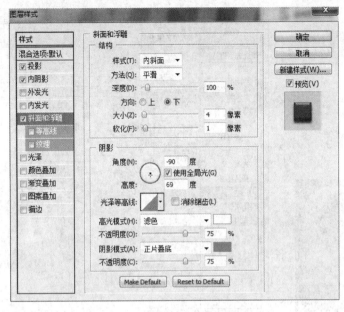

图6-73 设置"斜面和浮雕"参数

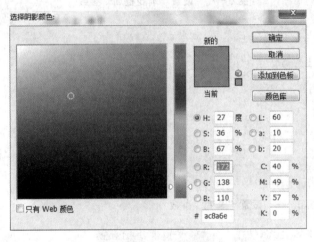

图6-74 选择"斜面和浮雕"颜色

图6-75 效果图

（20）在"图层"中选择"形状4副本"、"形状5副本"（按住Ctrl键后单击"形状4副本"、"形状5副本"），再按Ctrl＋T组合键，将其缩小。

（21）将"形状4副本"、"形状5副本"复制两次，得到三个相同的小按钮，放置位置如图6-76所示。

（22）选中"图层"面板中的"形状4副本2"，选择"图层"/"图层样式"/"渐变叠加"选项，弹出"图层样式"对话框，参数设置如图6-77所示。按照步骤（2）的操作，设置渐变效果，如图6-78～图6-80所示，得到的效果图如图6-81所示。"描边"如图6-77～图6-81所示。

（23）选中"图层"面板中的"形状5副本2"，选择"图层"/"图层样式"/"颜色叠加"选项，弹出"图层样式"对话框，参数设置如图6-82和图6-83所示。

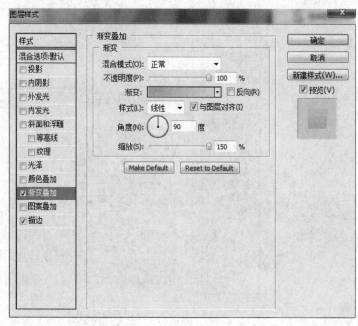

图 6-76　放置位置

图 6-77　设置"渐变叠加"参数

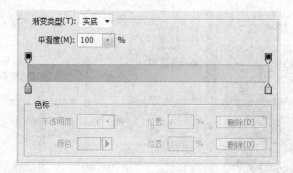

图 6-78　设置"渐变"参数

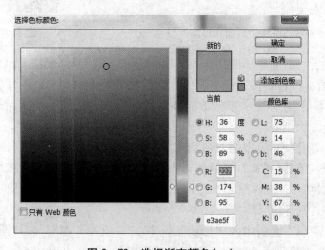

图 6-79　选择渐变颜色(一)

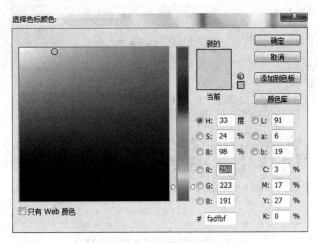

图 6-80 选择渐变颜色(二)

图 6-81 橙色按钮阴影效果图

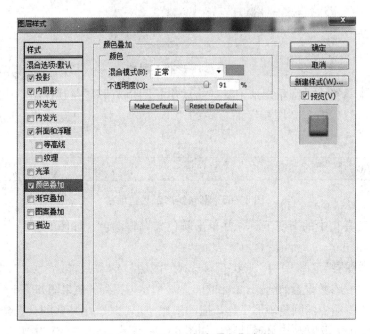

图 6-82 设置"颜色叠加"参数

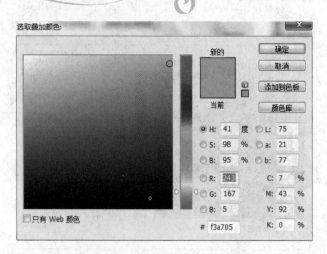

图 6-83　选择"颜色叠加"颜色

（24）播放图标的最终效果图如图 6-2 所示。

6.2.3　制作设置图标

（1）复制"形状 1"，得到"形状 1 副本"，如图 6-84 所示。

图 6-84　形状 1 副本

（2）选择工具箱中的圆角矩形工具，拖动出长圆角矩形，在其选项栏中调整选项，如图 6-85 所示，然后右击"图层"面板中的"形状 6"，弹出快捷菜单，选择"栅格化图层"选项，如图 6-86 所示。

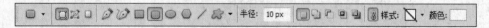

图 6-85　圆角矩形工具选项栏

（3）选择工具箱中的渐变工具，并单击颜色条调整颜色，如图 6-87～图 6-89 所示，得到的效果图如图 6-90 所示。

（4）选中"图层"面板中的"形状 6"，选择"图层"/"图层样式"/"描边"选项，弹出"图层样式"对话框参数设置如图 6-91 和图 6-92 所示，得到的效果图如图 6-93 所示。

（5）选择工具箱中的圆角矩形工具，拖动出比"形状 6"小一些的长圆角矩形，即新建图层"形状 7"，在其选项栏中调整选项，如图 6-94 所示，然后右击"图层"面板中的"形状 7"，弹出快捷菜单，选择"栅格化图层"选项。"形状 7"的放置位置如图 6-95 所示。

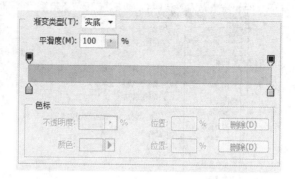

图 6-86 形状 6

图 6-87 设置"渐变"参数

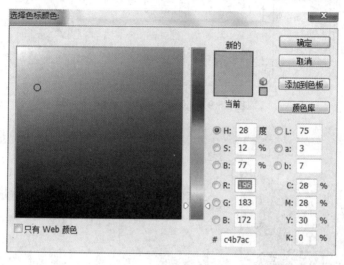

图 6-88 选择渐变颜色(一)

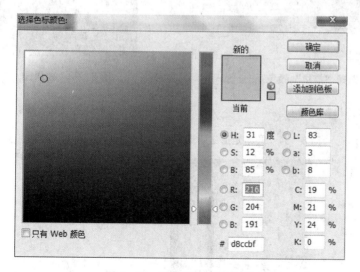

图 6-89 选择渐变颜色(二)

图 6-90 效果图

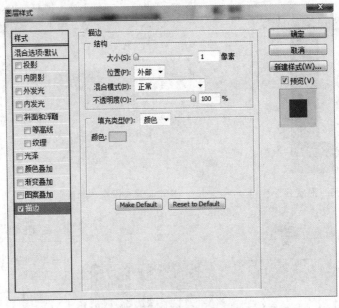

图 6-91　设置"描边"参数

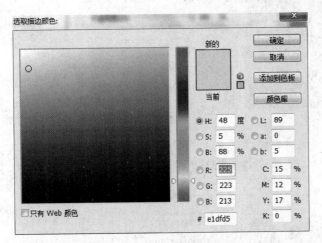

图 6-92　选择"描边"颜色

图 6-93　效果图

图 6-94　圆角矩形工具选项栏

图 6-95　"形状 7"的放置位置

(6) 选中"图层"面板中的"形状 7",选择"图层"/"图层样式"/"内发光"选项,弹出"图层样式"对话框,参数设置如图 6-96 和图 6-97 所示,得到的效果图如图 6-98 所示。

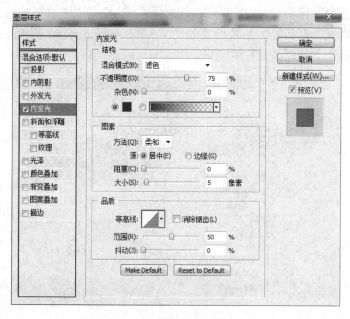

图 6-96 设置"内发光"参数

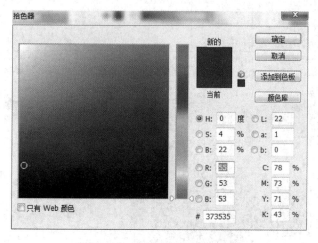

图 6-97 选择"内发光"颜色

图 6-98 效果图

（7）选择工具箱中的圆角矩形工具，拖动出一个圆角矩形，即新建图层"形状8"右击"图层"面板中的"形状8"，弹出快捷菜单，选择"栅格化图层"选项，如图6-99所示。

（8）选中"图层"面板中的"形状8"，选择"图层"/"图层样式"/"内阴影"选项，弹出"图层样式"对话框，参数设置如图6-100和图6-101所示。按同样的方法，设置"斜面和浮雕"、"颜色叠加"的参数，如图6-102～图6-104所示。

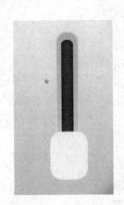

图6-99 栅格化图层

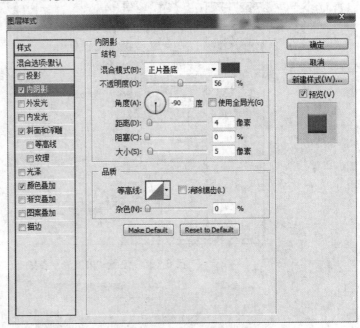

图6-100 设置"内阴影"参数

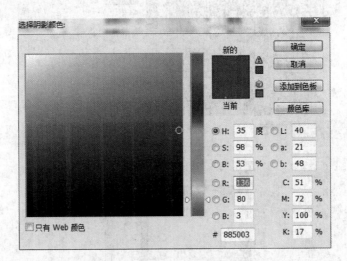

图6-101 选择"内阴影"颜色

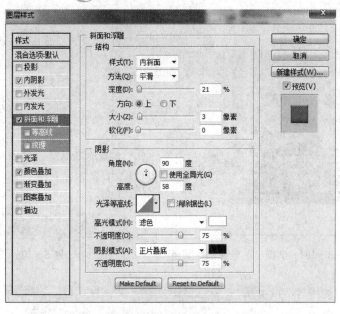

图6-102 设置"斜面和浮雕"参数

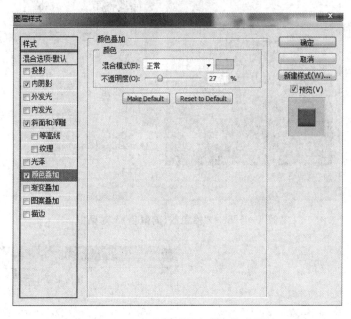

图6-103 设置"颜色叠加"参数

(9) 滑动按钮的效果如图6-105所示。

(10) 复制"形状7",得到"形状7副本",将为"形状7副本"设置的图层样式隐藏(单击图层中对应的眼睛图标即可)。

(11) 选择工具箱中的油漆桶工具,在"拾色器(前景色)"对话框中获取新颜色,如图6-106所示。按住Ctrl键并单击"形状7副本"图层缩略图,填充选择区域。效果如图6-107所示。

(12) 选择"滤镜"/"模糊"/"高斯模糊"选项,弹出"高斯模糊"对话框,参数设置如图6-108所示。

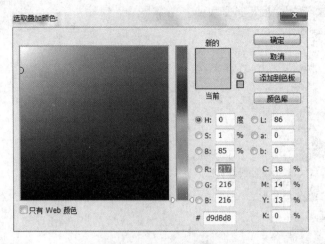

图 6－104　选择"颜色叠加"颜色

图 6－105　滑动按钮的效果

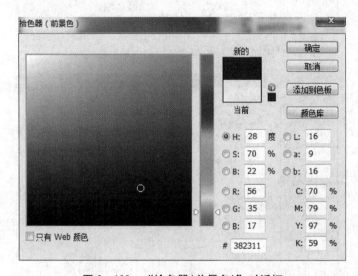

图 6－106　"拾色器(前景色)"对话框

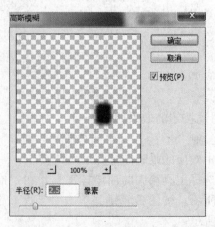

图 6－107　形状 7 副本

图 6－108　"高斯模糊"对话框

(13) 更改"图层"面板中的"填充"值为 92%，如图 6-109 所示。

(14) 到此滑动按钮阴影就制作完成了，将"形状 7"放置在上面，如图 6-110 和图 6-111 所示。

图 6-109　更改"填充"值　　　　图 6-110　阴影图　　　图 6-111　放置阴影后的效果

(15) 选择工具箱中的椭圆工具，拖动出一个极小椭圆，得到"形状 8"，并栅格化该图层，如图 6-112 所示。

(16) 选择工具箱中的画笔工具，在其选项栏中调整选项，参数设置如图 6-113 所示。

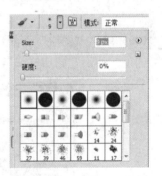

图 6-112　形状 8　　　　　　　　图 6-113　画笔工具选项栏

(17) 在"拾色器(前景色)"对话框中设置颜色，如图 6-114 所示。按住 Ctrl 键并单击"形状 8"图层缩略图，将鼠标拖动到椭圆的下半处上色即可。

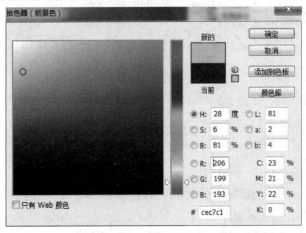

图 6-114　设置前景色颜色

（18）复制八个"形状 8"，将其摆放为 3×3 的长方形。最终效果图如图 6-115 所示。

（19）复制"形状 6"、"形状 7"，得到"形状 6 副本"、"形状 7 副本"，更改"形状 7 副本"的颜色，如图 6-116 所示，"形状 7 副本"如图 6-117 所示。

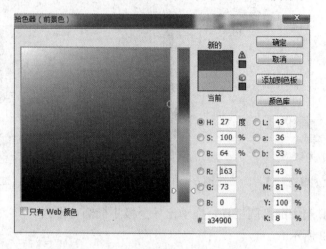

图6-115　效果图　　　　　　图6-116　设置"形状7副本"颜色　　　　　　图6-117　形状7
副本

（20）单击"图层"面板中的"形状 7 副本"，选择"图层"/"图层样式"/"内发光"选项，弹出"图层样式"对话框，参数设置如图 6-118 和图 6-119 所示。

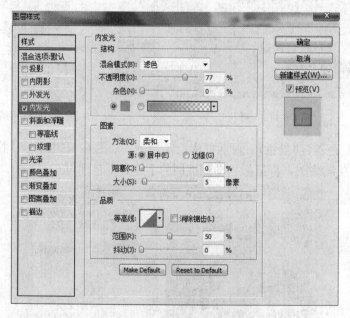

图6-118　设置"内发光"参数

（21）效果图如图 6-120 所示。

（22）复制"形状 6"、"形状 7"，得到"形状 6 副本 1"、"形状 7 副本 1"，更改"形状 7 副本 1"的颜色，效果图如图 6-121 所示。

（23）按照步骤(20)进行操作，效果图如图 6-122 所示。

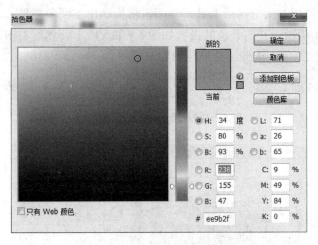

图6-119 选择"内发光"颜色

图6-120 效果图

图6-121 更改颜色

图6-122 内发光效果图

(24) 设置图标的最终效果图如图6-3所示。

6.2.4 制作收纳图标

(1) 复制"形状1",得到"形状1副本",如图6-123所示。

图6-123 形状1副本

（2）选择工具箱中的圆角矩形工具，使用鼠标拖动出正圆角矩形，在其选项栏中调整选项，如图 6-124 所示，其前景色的设置如图 6-125 所示，然后右击"图层"面板中的"形状 9"，弹出快捷菜单，选择"栅格化图层"选项。

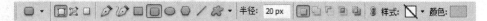

图 6-124　圆角矩形工具选项栏

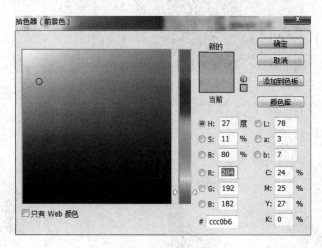

图 6-125　拾色器

（3）选中"图层"面板中的"形状 9"，选择"图层"/"图层样式"/"内发光"选项，弹出"图层样式"对话框，参数设置如图 6-126 和图 6-127 所示。按同样方法，设置"颜色叠加"、"描边"的参数，如图 6-128~图 6-131 所示。

（4）效果图如图 6-132 所示。

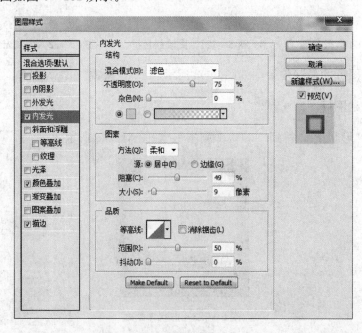

图 6-126　设置"内发光"参数

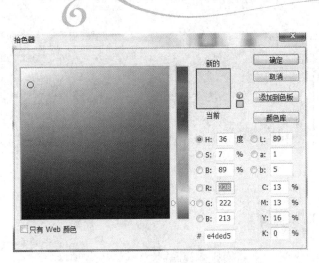

图 6–127 选择"内发光"颜色

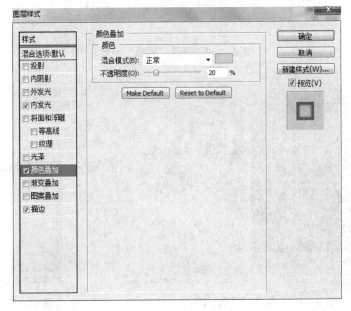

图 6–128 设置"颜色叠加"参数

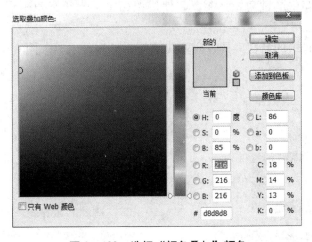

图 6–129 选择"颜色叠加"颜色

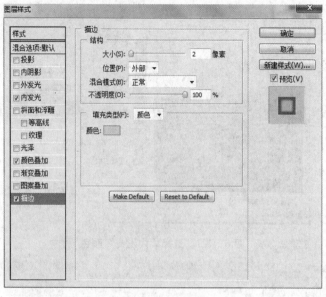

图 6-130　设置"描边"参数

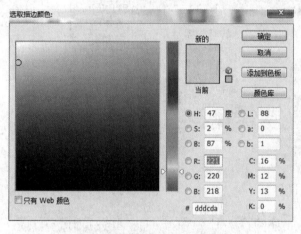

图 6-131　选择"描边"颜色

图 6-132　效果图

（5）选择工具箱中的圆角矩形工具，使用鼠标拖动出长圆角矩形，得到"形状 10"，栅格化该图层，如图 6-133 所示。

（6）选择工具箱中的渐变工具，调整其颜色，如图 6-134～图 6-136 所示，设置好

图 6-133　形状 10

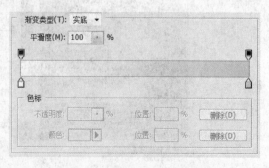

图 6-134　设置"渐变"参数

后由上往下拖动，效果如图6-137所示。

（7）将"形状10"拖动到"形状9"内部的上方，如图6-138所示。

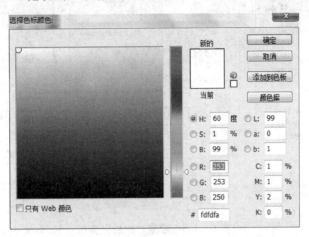

图6-135　选择渐变颜色（一）

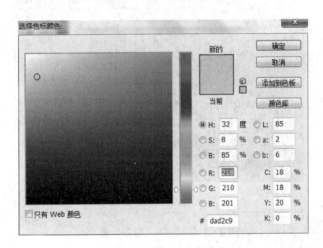

图6-136　选择渐变颜色（二）

图6-137　效果图

图6-138　"形状10"的放置位置

（8）选中"图层"面板中的"形状10"，选择"图层"/"图层样式"/"投影"选项，弹出"图层样式"对话框，参数设置如图6-139和图6-140所示。按同样的方法设置"内阴影"、"内发光"、"描边"的参数，如图6-141～图6-146所示。

（9）放置后的效果如图6-147所示。

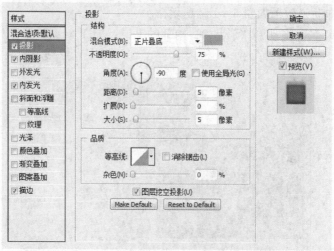

图 6-139 设置"投影"参数

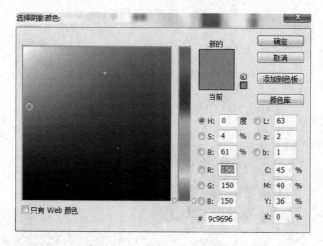

图 6-140 选择"投影"颜色

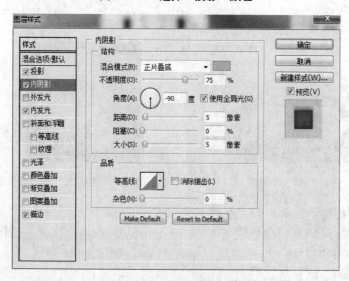

图 6-141 设置"内阴影"参数

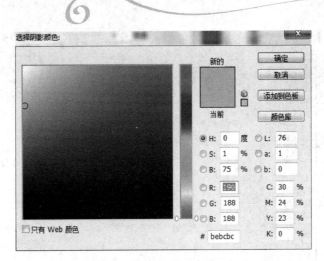

图 6-142 选择"内阴影"颜色

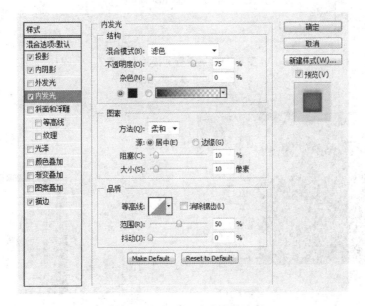

图 6-143 设置"内发光"参数

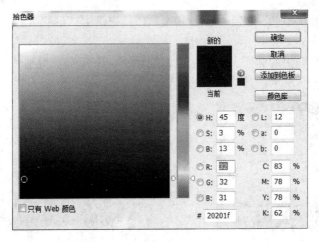

图 6-144 选择"内发光"颜色

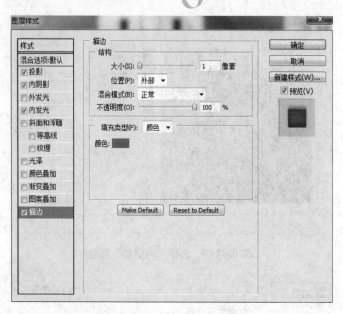

图 6‐145 设置"描边"参数

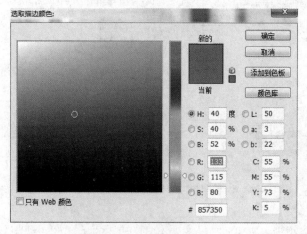

图 6‐146 选择"描边"颜色

图 6‐147 放置效果图

（10）复制"形状 10"，得到"形状 10 副本"，拖动到"形状 9"内部的下方，与"形状 10"对称，如图 6‐148 所示。

（11）选择工具箱中的椭圆工具，用鼠标拖动出一个正圆，得到"形状 11"，并栅格化该图层，如图 6‐149 所示，其前景色的设置如图 6‐150 所示。

图 6‐148 效果图

图 6‐149 形状 11

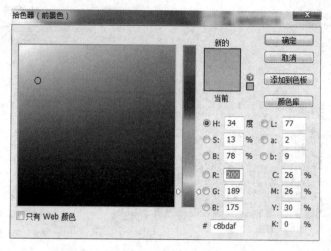

图6-150 设置"形状11"的前景色

（12）选中"图层"面板中的"形状11"，选择"图层"/"图层样式"/"描边"选项，弹出"图层样式"对话框，参数设置如图6-151和图6-152所示。

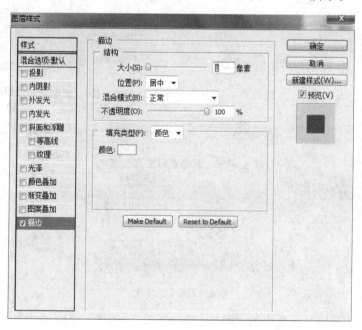

图6-151 设置"描边"参数

（13）复制"形状11"，得到"形状11 副本"，按Ctrl＋T组合键，将其缩小到适当大小，并调整其颜色和位置，如图6-153所示。

（14）复制"形状11"、"形状11 副本"，得到"形状11 副本1"、"形状11 副本2"，放置位置如图6-154所示。

（15）选择工具箱中的圆角矩形工具，在其选项栏中调整选项，如图6-155所示，使用鼠标拖动出长圆角矩形，得到"形状12"，并栅格化该图层，如图6-156所示。

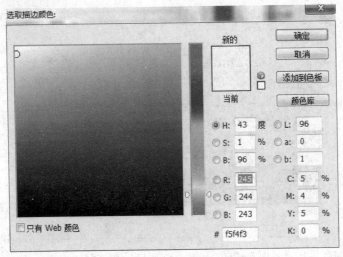

图 6-152 选择"描边"颜色

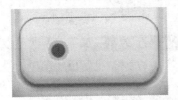

图 6-153 单边效果

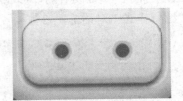

图 6-154 复制后的效果

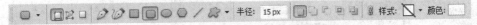

图 6-155 圆角矩形工具选项栏

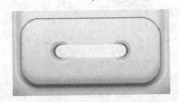

图 6-156 形状 12

(16) 选中"图层"面板中的"形状 12",选择"图层"/"图层样式"/"内阴影"选项,弹出"图层样式"对话框,参数设置如图 6-157 和图 6-158 所示。

(17) 得到的把手效果图如图 6-159 所示。

(18) 复制"形状 12",得到"形状 12 副本",取消其图层样式的设置,如图 6-160 所示。

(19) 选择工具箱中的矩形工具,使用鼠标拖动出小矩形,得到"形状 13",复制"形状 13",得到"形状 13 副本",并对其进行栅格化图层操作,放置为图 6-161。

(20) 在"图层"面板中选择"形状 12 副本"、"形状 13"、"形状 13 副本"并右击,弹出快捷菜单,选择"合并图层"选项,得到"形状 12 副本"。

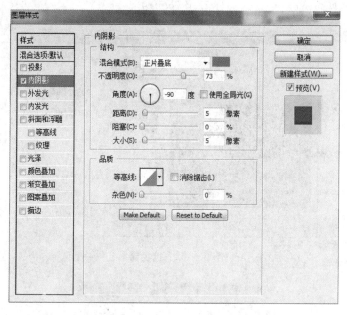

图 6-157 设置"内阴影"参数

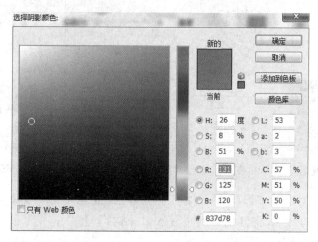

图 6-158 选择"内阴影"颜色

图 6-159 把手效果图

图 6-160 形状 12 副本

图 6-161 添加上小矩形后的效果图

(21) 选择工具箱中的油漆桶工具，填充"形状 12 副本"，填充颜色的选择如图 6-162 所示，填充后如图 6-163 所示。

(22) 选择"滤镜"/"模糊"/"高斯模糊"选项，弹出"高斯模糊"对话框，参数设置如图 6-164 所示，效果如图 6-165 所示。

（23）将"形状 12 副本"拖动到"形状 12"的下方。

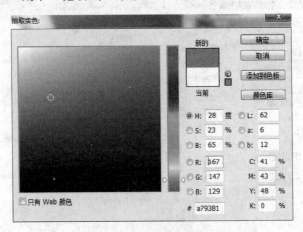

图 6‑162　拾色器

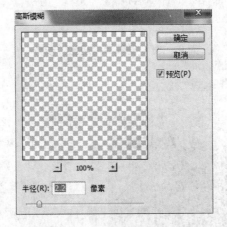

图 6‑163　填充后　　　图 6‑164　"高斯模糊"对话框　　　图 6‑165　模糊后的效果图

（24）复制"形状 11"、"形状 11 副本"、"形状 11 副本 1"、"形状 11 副本 2"、"形状 12"、"形状 12 副本"，然后将其拖动到"形状 10 副本"上。

（25）拖动后的效果图如图 6‑166 所示。

图 6‑166　效果图

（26）复制"形状 12"，得到"形状 12 副本 1"，选中"图层"面板中的"形状 12 副本 1"，选择"图层"/"图层样式"/"渐变叠加"选项，弹出"渐变叠加"对话框，参数设置如图 6‑167 所示。选择工具箱中的渐变工具，其参数设置如图 6‑168～图 6‑170 所示，效果如图 6‑171 所示。

（27）收纳图标的最终效果图如图 6‑4 所示。

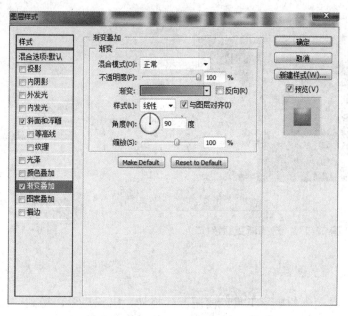

图6-167 设置"渐变叠加"参数

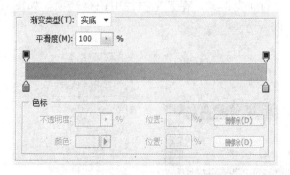

图6-168 设置"渐变"参数

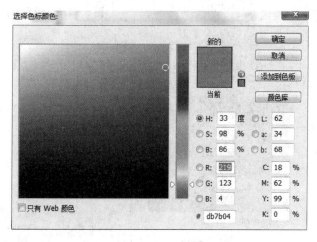

图6-169 选择渐变颜色(一)

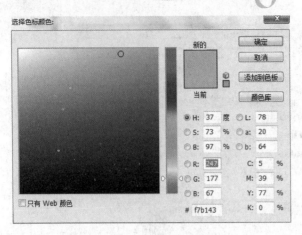
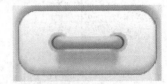

图 6-170　选择渐变颜色(二)　　　　　图 6-171　效果图

6.2.5　制作音乐播放图标

（1）选择工具箱中的矩形工具，使用鼠标拖动，出长矩形，得到"形状 14"，并栅格化该图层，如图 6-172 所示。

（2）选择工具箱中的渐变工具，在其选项栏中调整选项，如图 6-173～图 6-175 所示，效果图如图 6-176 所示。

图 6-172　形状 14

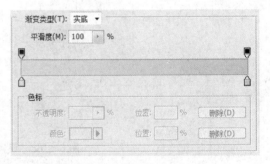

图 6-173　设置"渐变"参数

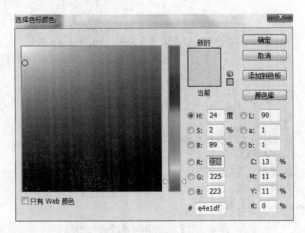

图 6-174　选择渐变颜色(一)

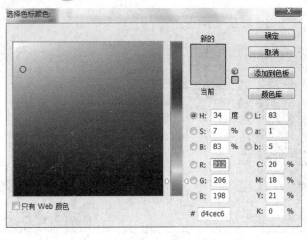

图6-175 选择渐变颜色(二)

（3）选择"编辑"/"变换"/"透视"选项，从"形状14"上边角向中间拖动，拖动到适当位置停止，变形后到如图6-177所示。

图6-176 渐变效果图

图6-177 变形后

（4）选中"图层"面板中的"形状12"，选择"图层"/"图层样式"/"内阴影"选项，弹出"图层样式"对话框，参数设置如图6-178和图6-179所示，效果如图6-180所示。

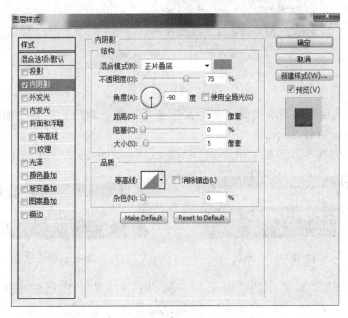

图6-178 设置"内阴影"参数

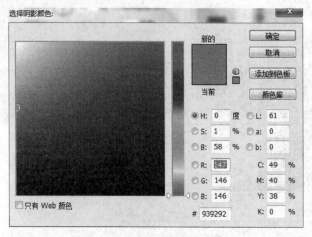

图6-179　选择"内阴影"颜色　　　　　图6-180　效果图

（5）选择工具箱中的圆角矩形工具，使用鼠标拖动出细长圆角矩形，其前景色设置如图6-181所示，得到"形状15"，并栅格化该图层。

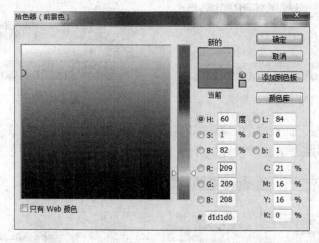

图6-181　拾色器

（6）选择工具箱中的矩形工具，使用鼠标拖动出细长矩形，得到"形状16"，并栅格化该图层，如图6-182所示。

（7）将"形状16"放置到"形状15"上面靠边处，如图6-183所示。

图6-182　"形状15"和"形状16"　　　　图6-183　放置位置

（8）选择"图层"面板中的"形状15"和"形状16"的图层缩略图，按Delete键，隐藏"形状16"，如图6-184和图6-185所示。

（9）将"图层15"放置到"图层14"的下方，如图6-186所示。

图6-184 删除选框图

图6-185 得到的图形

图6-186 放置"图层15"

(10) 选择工具箱中的圆角矩形工具，在其选项栏中调整选项如图6-187所示，得到"形状16"，并栅格化该图层。

图6-187 圆角矩形工具选项栏

(11) 选择工具箱中的渐变工具，按图6-188～图6-190调整选项。

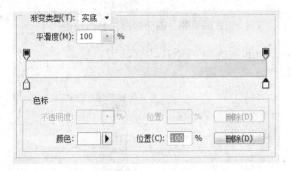

图6-188 设置"渐变"参数

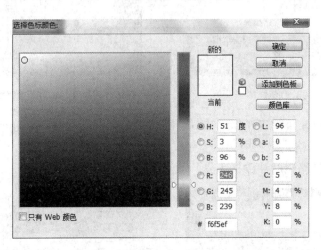

图6-189 选择渐变颜色(一)

(12) 得到的播放器背景如图6-191所示。

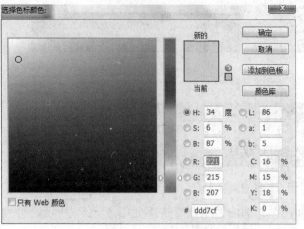

图6-190 选择渐变颜色(二)

图6-191 效果图

(13) 选择工具箱中的圆角矩形工具, 在其选项栏中调整选项, 如图6-192所示, 得到"形状17", 并栅格化该图层。

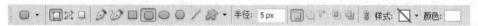

图6-192 圆角矩形工具选项栏

(14) 选择工具箱中的渐变工具, 在其选项栏中调整选项, 如图6-193所示, 放置到"形状16"的下方, 如图6-194所示。

图6-194 放置位置

图6-193 形状16

(15) 选择工具箱中的圆角矩形工具, 在其选项栏中调整选项, 如图6-195所示, 得到"形状18", 并栅格化该图层。

(16) 选择工具箱中的油漆桶工具, 填充为黑色, 如图6-196所示。

图6-195 形状18

图6-196 填充后的效果图

（17）选择"滤镜"/"模糊"/"高斯模糊"选项，弹出"高斯模糊"对话框，参数设置如图6-197所示，效果图如图6-198所示。

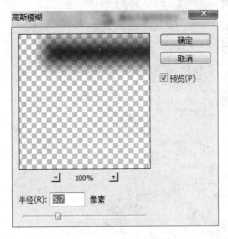

图6-197 "高斯模糊"　　　　　　　　　　　图6-198 模糊后效果图

（18）将其放置到托板的下方，作为阴影，如图6-199所示。

图6-199 效果图

（19）选择工具箱中的矩形工具，使用鼠标拖动出细长矩形，得到"形状18"，并栅格化该图层，如图6-200所示。

（20）选中"图层"面板中的"形状18"，按Ctrl键，选择工具箱中的矩形选框工具，与选取交叉，如图6-201所示。

图6-200 形状18　　　　　　　　　　　图6-201 矩形选框工具
　　　　　　　　　　　　　　　　　　　　　　选项栏

（21）分别为"形状18"左右两边填充如图6-201和图6-202和图6-203所示颜色，效果图如图6-204所示。

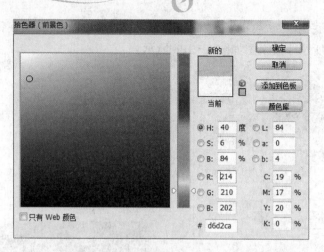

图 6-202　灰色

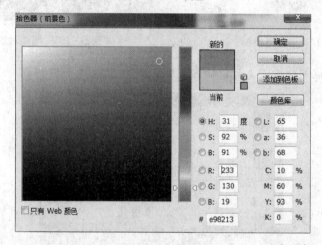

图 6-203　橙色

图 6-204　填充后效果图

　　（22）选中"图层"面板中的"形状18"，选择"图层"/"图层样式"/"投影"选项，弹出"图层样式"对话框，参数设置如图 6-205 所示。按同样方法设置"内发光"的参数，如图 6-206 所示，效果图如图 6-207 所示。

　　（23）选择工具箱中的椭圆工具，用鼠标拖动出一个正圆，得到"形状19"，并栅格化该图层，如图 6-208 所示。

　　（24）选中"图层"面板中的"形状19"，选择"图层"/"图层样式"/"投影"选项，弹出"图层样式"对话框，参数设置如图 6-209 和图 6-210 所示。按同样方法设置"渐变叠加"的参数，如图 6-211 所示。按照步骤（2）的操作，设置渐变效果，如图 6-212～图 6-214 所示。

　　（25）得到的滑动按钮效果图如图 6-215 所示。

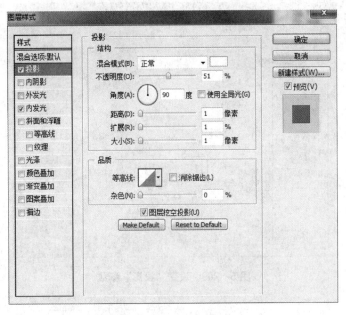

图6-205 设置"投影"参数

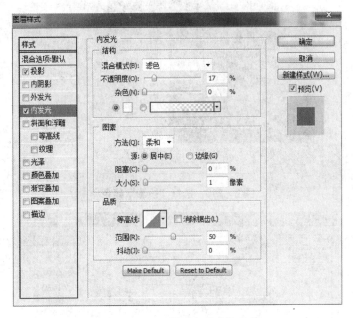

图6-206 设置"内发光"参数

图6-207 效果图

图6-208 形状19

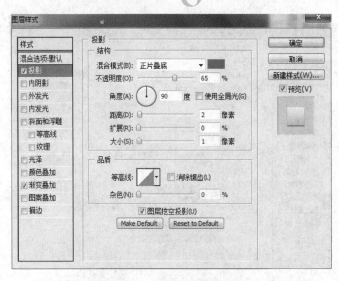

图 6-209　设置"投影"参数

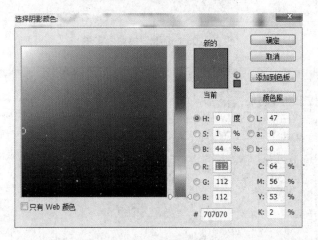

图 6-210　选择"投影"颜色

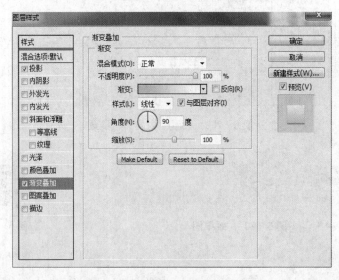

图 6-211　设置"渐变叠加"参数

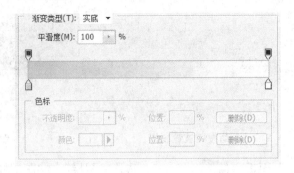

图6-212 设置"渐变"参数

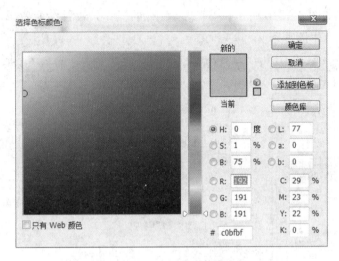

图6-213 选择渐变颜色(一)

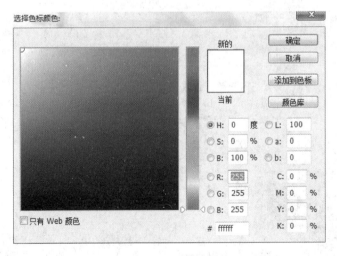

图6-214 选择渐变颜色(二)

图6-215 滑动按钮效果图

(26)将滑动按钮放置在"形状18"颜色交界处,如图6-216所示。

(27)选择工具箱中的矩形工具,得到"形状20",并栅格化该图层如图6-217所示。

图 6-216　滑动按钮放置位置

图 6-217　形状 20

（28）选中"图层"面板中的"形状 20"，选择"图层"/"图层样式"/"内阴影"选项，弹出"图层样式"对话框，参数设置如图 6-218 和图 6-219 所示。按同样方法设置"描边"的参数，如图 6-220 所示。按照步骤（2）的操作，设置渐变效果，如图 6-221～图 6-223 所示，效果图如图 6-224 所示。

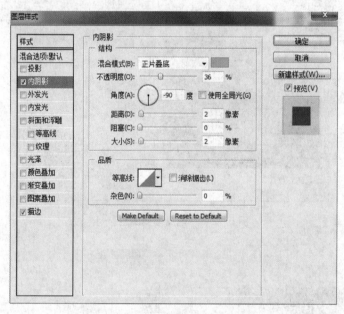

图 6-218　设置"内阴影"参数

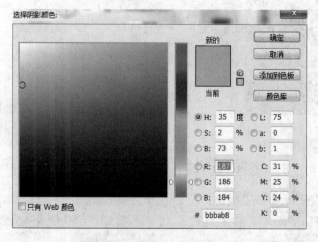

图 6-219　选择"内阴影"颜色

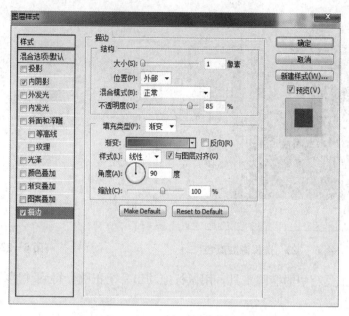

图6-220 设置"描边"参数

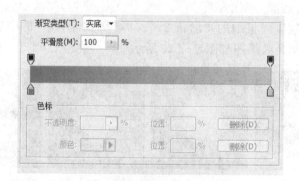

图6-221 设置"渐变"参数

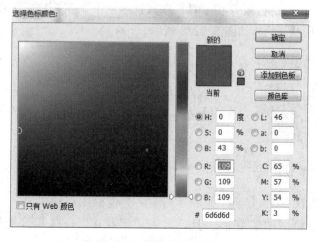

图6-222 选择渐变颜色(一)

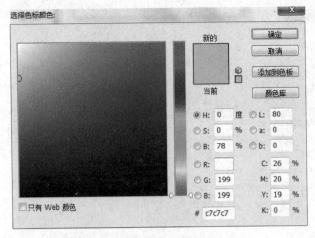

图 6-223　选择渐变颜色(二)　　　　　　　　图 6-224　效果图

（29）选择工具箱中的椭圆工具，用鼠标拖动出一个正圆，得到"形状 21"，并栅格化该图层。

（30）复制"形状 21"，得到"形状 21 副本"，按 Ctrl＋T 组合键，或按住 Ctrl＋Alt 组合键并拖动鼠标，按圆心缩小。

（31）选择"图层"面板中的"形状 21"、"形状 21 副本"的图层缩略图，按 Delete 键，如图 6-225 所示，效果图如图 6-226 所示。

图 6-225　去心圆的制作

（32）选择工具箱中的自定形状工具，在其选项栏中调整选项，如图 6-227 所示，绘制侧圆角三角形"形状 22"，如图 6-228 所示。

图 6-226　放置位置　　　　图 6-227　自定形状工具选项栏　　　　图 6-228　效果图

（33）复制"形状 20"，得到"形状 20 副本"，隐藏图层样式。

（34）选择工具箱中的多变形工具，得到"形状 23"，在其选项栏中调整选项，如图 6-229 所示。

（35）按 Ctrl＋T 组合键，复制变形后的"形状 23"，得到"形状 23 副本"。

图6-229 多变形工具选项栏

(36) 选择"编辑"/"变换"/"水平翻转"选项，对其进行翻转并将其放置在"形状20副本"右侧。

(37) 在"图层"面板中选择"形状20副本"、"形状23"、"形状23副本"并右击弹出快捷菜单，选择"合并图层"选项，得到"形状20副本"，如图6-230所示。

图6-230 阴影部分的制作

(38) 选择"滤镜"/"模糊"/"高斯模糊"选项，弹出"高斯模糊"对话框，参数设置如图6-231所示。

(39) 更改"图层"面板中的"填充"值，如图6-232所示，效果图如图6-233所示。

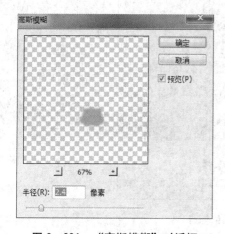

图6-231 "高斯模糊"对话框　　图6-232 更改"填充"值　　图6-233 阴影效果

(40) 将"形状20副本"拖动到"形状20"下面，如图6-234所示。

(41) 复制"形状20"、"形状20副本"、"形状22"，并按Ctrl+T组合键，调整大小。

(42) 选择工具箱中的矩形工具，使用鼠标拖动出细小矩形，得到"形状24"。

(43) 复制"上一首歌"按钮，选择"编辑"/"变换"/"水平翻转"选项，如图6-235所示。

(44) 放置好后如图6-236所示。

(45) 选择工具箱中的横排文字工具，在其选项栏中调整选项，如图6-237～图6-243所示。

(46) 音乐播放器图标的最终效果图如图6-5所示。

图6-234　播放按钮效果图

图6-235　左右按钮效果图

图6-236　效果图

图6-237　"Everbody"图层

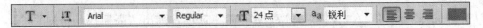

图6-238　横排文字工具选项栏(一)

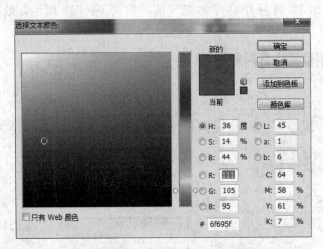

图6-239　选择文本颜色(一)

图6-240　效果图

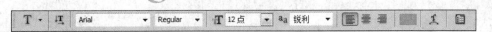

图 6-241 横排文字工具选项栏(二)

图 6-242 文字图层

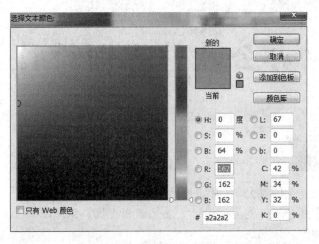

图 6-243 选择文本颜色(二)

（47）完成白色图标系列，如图 6-6 所示。

课 后 习 题

临摹并完成图 6-244 所示的图标。

    (a)

    (b)

图 6-244 课后习题图

第7章

办公软件界面设计

（1）了解比较复杂的办公软件界面设计的一般布局、设计方法。
（2）通过本章办公软件的界面设计，熟悉渐变工具、钢笔工具、形状工具、图层样式的选择和颜色的调配。

效果预览

本章办公软件的界面设计的效果如图7-1～图7-4所示。

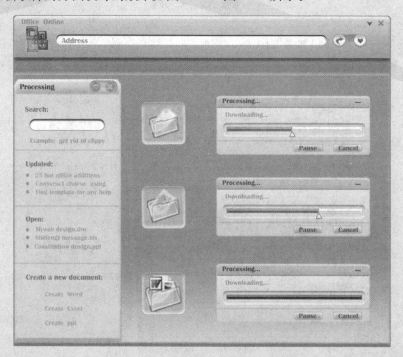

图7-1 办公软件在线文档主页界面

图 7-2　办公软件在线文档 Word 界面

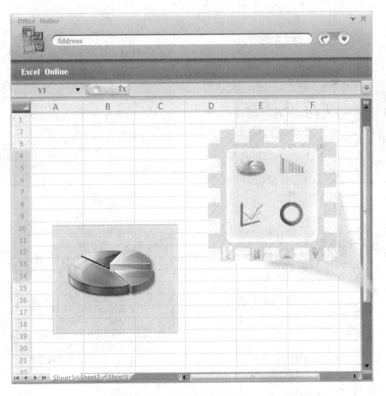

图 7-3　办公软件在线文档 Excel 界面

图7-4 办公软件在线文档PPT界面

7.1 制作流程

本章办公软件界面设计的四个界面制作流程示意图分别如图7-5～图7-8所示。

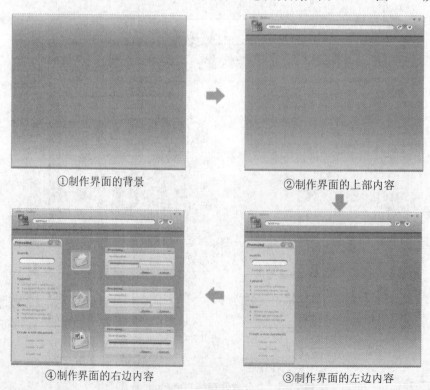

①制作界面的背景　②制作界面的上部内容

④制作界面的右边内容　③制作界面的左边内容

图7-5 主页界面制作流程示意图

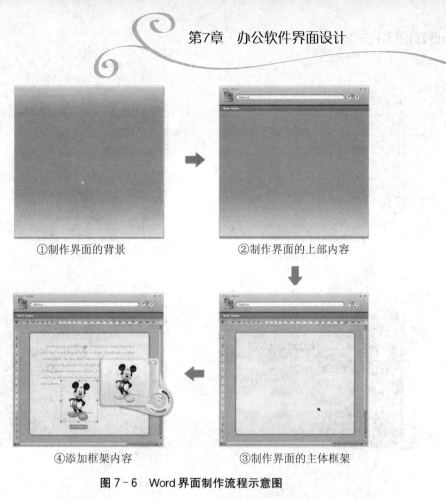

①制作界面的背景　　　　　②制作界面的上部内容

④添加框架内容　　　　　③制作界面的主体框架

图 7－6　Word 界面制作流程示意图

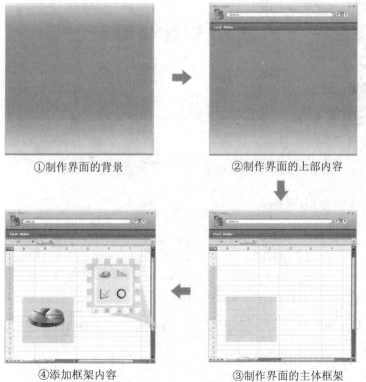

①制作界面的背景　　　　　②制作界面的上部内容

④添加框架内容　　　　　③制作界面的主体框架

图 7－7　Excel 界面制作流程示意图

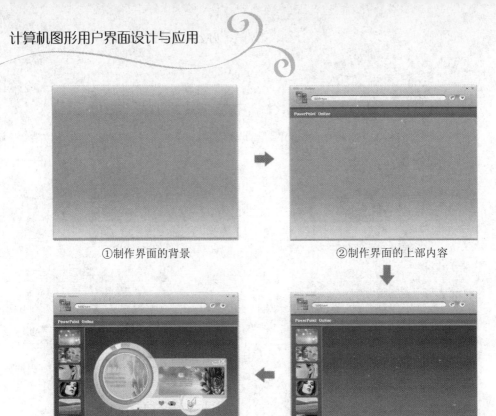

①制作界面的背景　　　　　　　　②制作界面的上部内容

④添加右边内容　　　　　　③添加下部分的主体背景及左边内容

图 7-8　PPT 界面制作流程示意图

7.2　步 骤 详 解

7.2.1　制作界面的背景

（1）设置背景色为白色，选择"文件"/"新建"选项，弹出"新建"对话框参数设置如图 7-9 所示。

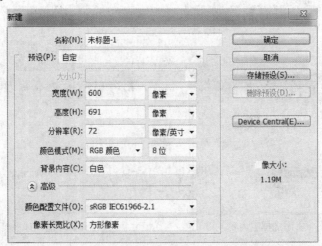

图 7-9　"新建"对话框

(2) 单击"确定"按钮，创建一个白色背景的新文件。

(3) 选择"文件"／"存储为"选项，弹出"存储为"对话框，将该文件存储为"主页.psd"。

(4) 单击"图层"面板中的"创建新图层"按钮，新建一个图层，选择工具箱中的圆角矩形工具，在其选项栏中调整选项，如图 7 - 10 所示(注意：选择形状图层，半径设置为 7px，创建新的形状图层，样式选择"默认样式无"，颜色可以任选)。

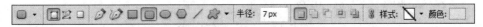

图 7 - 10　圆角矩形工具选项栏

(5) 使用鼠标拖动出一个圆角矩形，再新建一个图层，将该图层命名为"背景"，按住 Ctrl 键，单击步骤(4)中新建图层的"矢量蒙版"按钮来载入选区，隐藏步骤(4)中新建的图层，如图 7 - 11 所示。

图 7 - 11　圆角矩形选区

(6) 选中"背景"图层，选择工具箱中的矩形选框工具，在矩形选框工具选项栏中调整选项，如图 7 - 12 所示(注意：选择添加到选区)。

图 7 - 12　矩形选框工具选项栏

(7) 在载入的选区中，将最下面的一条边添加为直角选区，即选区中上面的两脚为圆角，下面的两脚为直角，如图 7 - 13 所示。

图 7 - 13　添加直角选区后的选区

（8）在工具箱中选择渐变工具，在其选项栏中调整选项，如图 7-14 所示。

图 7-14　渐变工具选项栏

（9）单击颜色条，弹出"渐变编辑器"对话框，设置渐变颜色，从左至右的颜色设置依次为♯d7d8dc、♯9fa6b8、♯9da4b7、♯9fa6b8、♯d7d8dc，不透明度都为 0，位置依次为 0%、20%、50%、80%、100%，如图 7-15 所示。

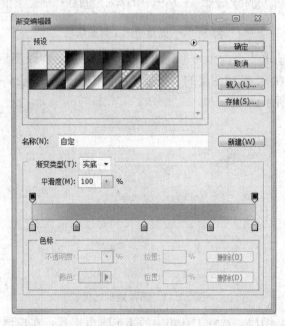

图 7-15　"渐变编辑器"对话框

（10）单击"确定"按钮，在该选区中，按住 Shift 键，从上至下拖动出一条直线，则颜色渐变背景如图 7-16 所示，之后按 Ctrl+D 组合键取消选区。

图 7-16　背景渐变

（11）为"背景"图层添加图层样式，单击"图层"面板右下角的"添加图层样式"按钮 *fx.*，选择任意选项，弹出"图层样式"对话框，如图7-17所示。

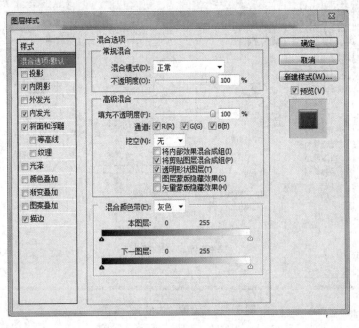

图7-17 "图层样式"对话框

（12）分别设置内阴影、内发光、斜面和浮雕、描边的参数，设置完成后，选择工具箱中的移动工具，按键盘中的左右移动键，将背景移动到理想的位置，在"内阴影"中颜色设置为#b6b6c1；在"内发光"中颜色设置为#9da4b7；在"斜面和浮雕"中将"高光模式"的颜色设置为#ffffff、"阴影模式"的颜色设置为#a6abb7（注意角度圆圈中图标的位置）；在"描边"中颜色设置为#9f9292；如图7-18～图7-21所示，"背景"最终效果图如图7-22所示。

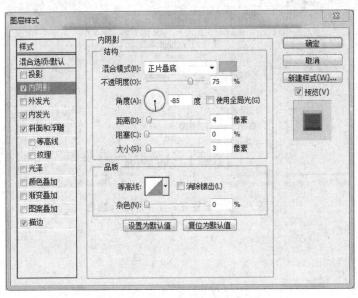

图7-18 设置"内阴影"颜色

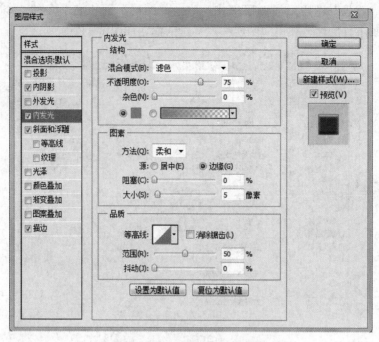

图 7-19　设置"内发光"颜色

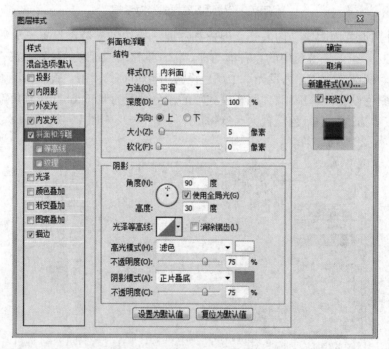

图 7-20　设置"斜面和浮雕"颜色

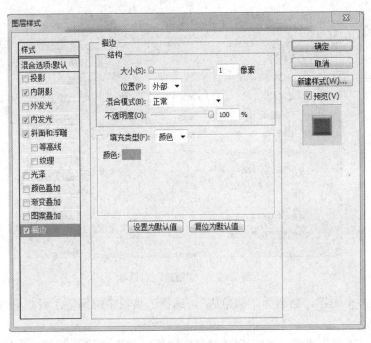

图 7-21　设置"描边"颜色

图 7-22　最终背景效果图

7.2.2　制作界面的上部内容

（1）制作办公软件的标志，最好新建一个文档制作标志。选择"文件"/"新建"选项，弹出"新建"对话框，设置参数（该新建文档可以自行设置，没有特定要求），如图 7-23 所示。

（2）单击"确定"按钮，创建一个白色背景的新文件。

（3）选择"文件"/"存储为"选项，弹出"存储为"对话框，将该文件存储为"标志.psd"。

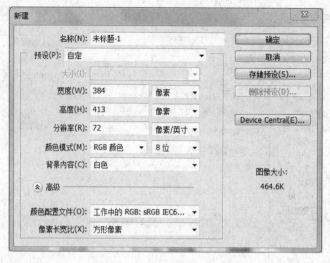

图 7-23　"新建"对话框

（4）新建一个图层，命名为"橘色底"，选择工具箱中的钢笔工具，勾画出如图 7-24 所示的路径。

（5）单击"路径"按钮，切换到"路径"面板，单击"路径"面板中的"将路径作为选区载入"按钮，将刚才描绘的路径转化为选区，如图 7-25 所示。

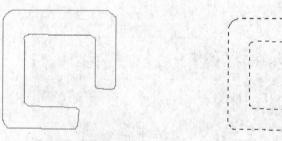

图 7-24　"橘色底"图层的路径　　图 7-25　路径转化为选区

（6）单击"图层"按钮，回到"图层"面板，选择工具箱中的渐变工具，在其选项栏中调整选项，如图 7-26 所示。

图 7-26　渐变工具选项栏

（7）单击颜色色，弹出"渐变编辑器"对话框设置渐变颜色，从左至右依次为 #bb3e22、#f1a944，不透明度都为 0，位置分别为 0％和 100％，如图 7-27 所示。

（8）在刚才的选区中，按住 Shift 键，由选区的右下角拖动到左上角，拖动出一条直线，则渐变颜色如图 7-28 所示，之后按 Ctrl+D 组合键取消选区。

（9）为该图层添加图层样式，如图 7-29～图 7-32 所示，最终效果图如图 7-33 所示。在"投影"设置中，"混合模式"的颜色设置为 #9c9b99；在"内发光"设置中，颜色设置为 #bb3d21；在"斜面和浮雕"设置中，"高光模式"的颜色设置为 #ffffff，"阴影模式"的颜色设置为 #bb3d21；在"描边"设置中，颜色设置为 #922d25。

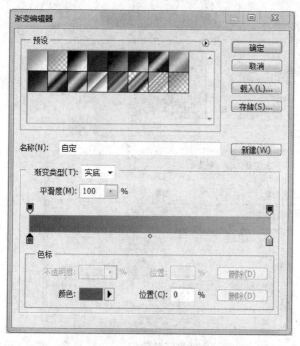

图 7-27 "渐变编辑器"对话框

图 7-28 橘色底

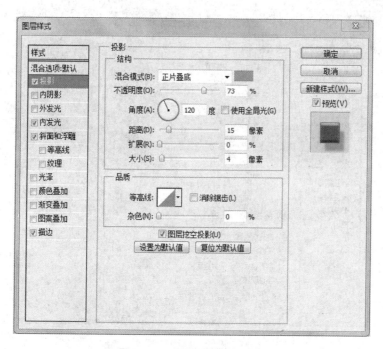

图 7-29 设置"投影"参数

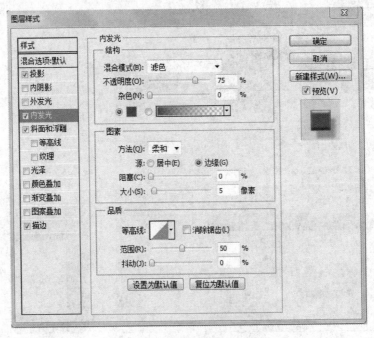

图 7-30 设置"内发光"参数

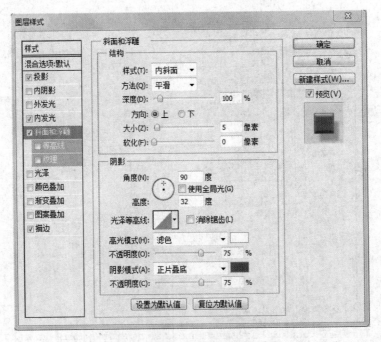

图 7-31 设置"斜面和浮雕"参数

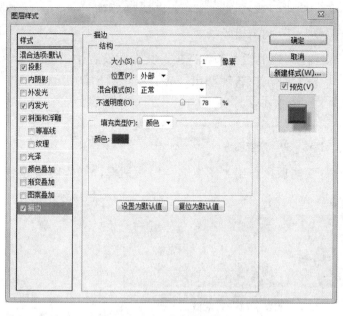

图 7-32 设置 "描边" 参数 　　　　　　　图 7-33 "橘色底" 最终效果图

　　(10) 新建图层，命名为 "橘色顶"，选中 "橘色底" 图层，按住 Ctrl 键，单击 "橘色底" 图层缩略图，载入选区，之后选中 "橘色顶" 图层，选择工具箱中的渐变工具，在其选项栏中调整选项，与 8.4.1 中的步骤(7)一样。在选区中，按住 Shift 键，自左上角往右下角拖动出一条直线，画出渐变颜色，按 Ctrl+T 组合键取消选区，向左向上移动一点距离。效果如图 7-34 所示。

　　(11) 选中 "橘色顶" 图层，为该图层添加图层样式，在添加的样式中涉及图案叠加，所以需要先制作一个图案进行保存。新建一个文档，长度设定为 2 像素，宽度自定，创建好的文档如图 7-35 所示。

图 7-34 "橘色顶" 与 "橘色底" 初图 　　　　　　　图 7-35 新建文档

　　(12) 新建一个图层，选择工具箱中的单行选框工具，在其选项栏中调整选项，如图 7-36 所示。

图 7-36 单行选框工具选项栏

　　(13) 在新建的图层中，用单行选框工具画出一个选区，如图 7-37 所示。

图 7-37　单行选区

（14）选择工具箱中的渐变工具，在其选项栏中调整选项，其参数设置中的与 8.4.1 步骤（7）一样。在选区中，按住 Shift 键，自左往右拖动出一条直线，画出渐变颜色，按 Ctrl＋T 组合键取消选区。效果如图 7-38 所示。

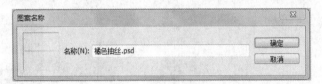

图 7-38　渐变图案

（15）选择"编辑"/"定义图案"选项，弹出"图案名称"对话框，修改图案的名称，如图 7-39 所示。

图 7-39　"图案名称"对话框

（16）单击"确定"按钮，完成图案的定义。

（17）打开"图标.psd"文件，选择"橘色顶"图层，为该图层添加图层样式，图层样式设置及最终效果图如图 7-40～图 7-43 所示。在"内阴影"设置中，"混合模式"的颜色设置为♯f3fab5；在"斜面和浮雕"设置中，"高光模式"的颜色设置为♯ffffff，"阴影模式"的颜色设置为♯ffffff；在"图案叠加"设置中，单击"图案"按钮，弹出下拉列表框，选择刚才保存的图案即可，最后单击"确定"按钮完成设置。

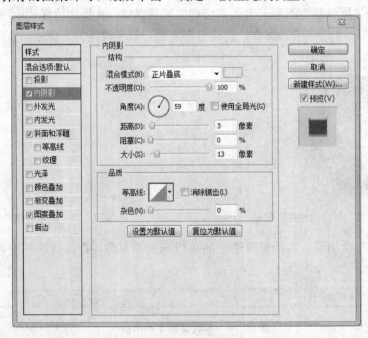

图 7-40　设置"内阴影"参数

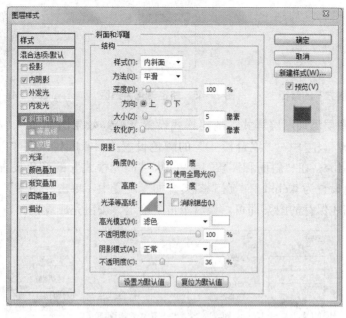

图7-41　设置"斜面和浮雕"参数

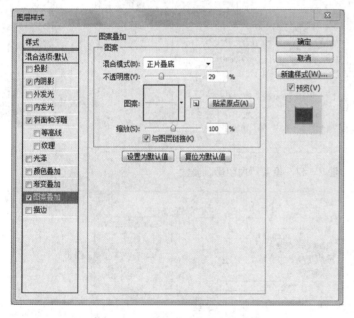

图7-42　设置"图案叠加"参数

图7-43　效果图

　　(18) 单击"图层"面板中的"创建新组"按钮，创建一个组，命名为"小橘方"。在创建的组中新建一个图层，命名为"顶"，选择工具箱中的钢笔工具，勾画出如图7-44所示的路径。

　　(19) 单击"路径"按钮，切换到"路径"面板，单击"将路径作为选区载入"按钮，将路径转化为选区，如图7-45所示。

　　(20) 选择工具箱中的渐变工具，沿用刚才设置的渐变颜色，按住Shift键，从左上角拖动到中间，拖动出一个深色少、浅色多的渐变色方块，如图7-46所示。

計算機図形用户界面設計与应用

图7-44 "小橘方"的路径　图7-45 路径转化为选区　图7-46 小橘方渐变图

（21）为该图层添加图层样式，图层样式设置及最终效果图如图7-47～图7-51所示。在"内阴影"设置中，"混合模式"的颜色设置为#ec9e40；在"内发光"设置中，颜色设置为#ffffbe；在"斜面和浮雕"设置中，"高光模式"的颜色设置为#ffffff，"阴影模式"的颜色设置为#eb9b3f；在"图案叠加"设置中，单击"图案"按钮，弹出下拉列表框，选择刚才保存的图案即可，最后单击"确定"按钮完成设置。

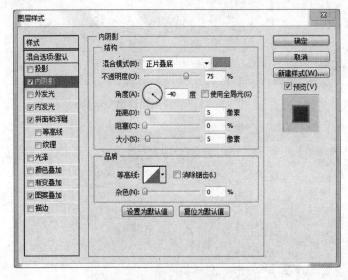

图7-47 设置"内阴影"参数

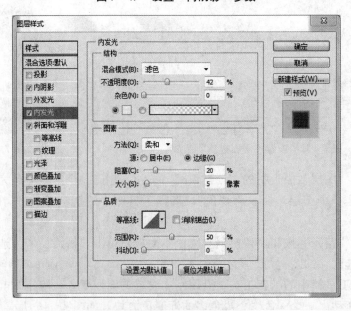

图7-48 设置"内发光"参数

204

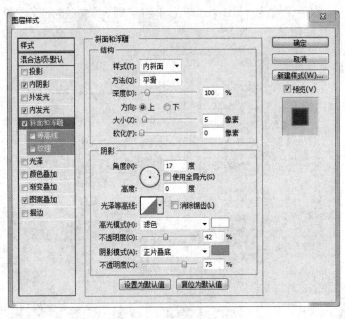

图 7-49 设置"斜面和浮雕"参数

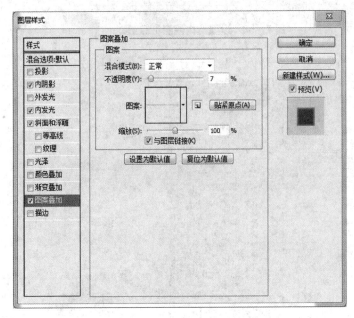

图 7-50 设置"图案叠加"参数

图 7-51 效果图

（22）在该组中新建一个图层，放在"顶"图层的下方，命名为"底"。选中"底"图层，按住 Ctrl 键，单击"顶"图层的图层缩略图，载入选区，选择工具箱中的渐变工具，设置不变，从选区右下角拖动到超出选区左上角一半的位置，拖动出一个深色多、浅色少的渐变颜色，如图 7-52 所示。

（23）复制"府"图层，移动到"底"图层下方，添加图层样式，图层样式的设置如图 7-53 和图 7-54 所示。在"内阴影"设置中，"混合模式"的颜色设置为＃c97048；在

"内发光"设置中,颜色设置为♯ffffbe;最后单击"确定"按钮完成设置,将该图层向右向下移动一点距离,如图 7-55 所示。

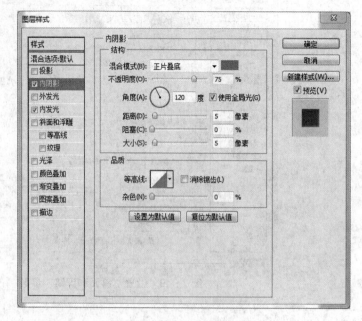

图 7-52 渐变图　　　　　　　　　　图 7-53 设置"内阴影"参数

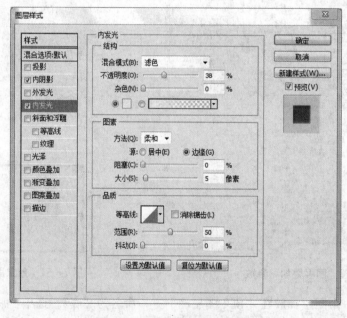

图 7-54 设置"内发光"参数　　　　　　　　图 7-55 效果图

(24) 将步骤(23)中的图层多复制几次,具体数目自己决定,每复制一次,就将其放在下面一层,并且依次向右、向下移动一点距离,形成一种厚实的感觉。在复制的最下面一个图层中,设置其"投影"参数,如图 7-56 所示。在"投影"设置中,"混合模式"的颜色设置为♯9c9b99。最后单击"确定"按钮完成设置。整个"小橘方"组的效果如图 7-57 所示。

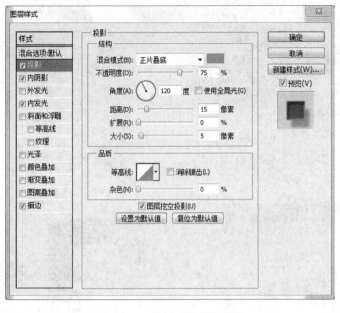

图7-56 设置"投影"参数　　　　　图7-57 "小橘方"效果图

(25) 整个橘色部分的效果图如图7-58所示。

(26) 新建一个组,命名为"大蓝方",在组中新建一个图层,命名为"蓝顶",选择工具箱中的钢笔工具勾画出如图7-59所示的路径。

(27) 按步骤(19)所述方法,将该路径转化为选区,如图7-60所示。

图7-58 橘色部分的效果图　　图7-59 "蓝顶"的路径　　图7-60 路径转化为选区

(28) 选择工具箱中的渐变工具,在其选项栏中调整选项,如图7-61所示。

图7-61 渐变工具选项栏

(29) 单击颜色条,弹出"渐变编辑器"对话框,设置其颜色,从左至右颜色依次为♯5e5fa0、♯91bee8,不透明度都为0,位置分别为0%、100%,最后单击"确定"按钮完成设置,如图7-62所示。

(30) 在该选区中,按住Shift键,从右上角拖动到中间,拖动出一条直线,渐变效果如图7-63所示。

(31) 为"蓝顶"图层添加图层样式,图层样式设置及最后效果图分别如图7-64~图7-68所示。在"内阴影"设置中,"混合模式"的颜色设置为♯384599;在"内发光"

图 7-62 "渐变编辑器"对话框

图 7-63 渐变效果图

设置中,颜色设置为♯ffffbe;在"斜面和浮雕"设置中, "高光模式"的颜色设置为
♯ffffff,"阴影模式"的颜色设置为♯364196;在"图案叠加"设置中,参照 7.4.1.2 中步骤
(11)~步骤(16)的方法,只是将渐变颜色更换为步骤(29)中的渐变颜色,单击"图案"按钮,
弹出下拉列表框,选择刚才保存的图案即可,最后单击"确定"按钮完成设置。

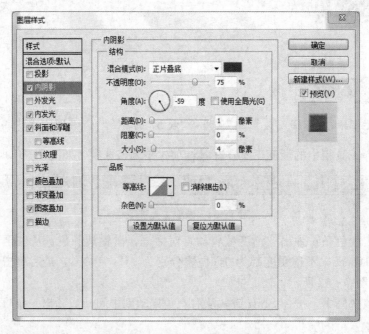

图 7-64 设置"内阴影"参数

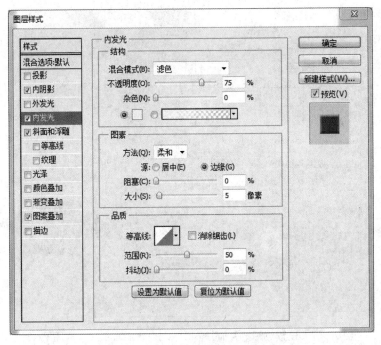

图 7 - 65 设置"内发光"参数

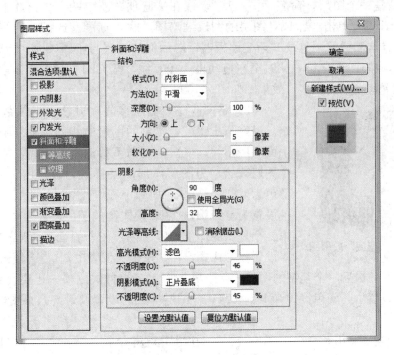

图 7 - 66 设置"斜面和浮雕"参数

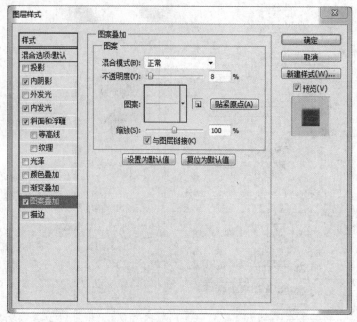

图 7-67　设置"图案叠加"参数

图 7-68　"蓝顶"效果图

(32) 新建一个图层，命名为"蓝底"，放在"蓝顶"图层的下面，选中"蓝底"图层，按住 Ctrl 键，单击"蓝顶"图层的图层缩略图，载入选区。选择工具箱中的渐变工具，渐变工具选项栏的调整及"渐变编辑器"对话框的设置与步骤(28)、步骤(29)相同。在该选区中，按住 Shift 键，从右至左拖动出一条直线，按 Ctrl＋T 组合键取消选区，并将其向右向下移动一点距离，效果图如图 7-69 所示。

图 7-69　"蓝底"效果图

(33) 将"蓝底"图层多复制几次，具体数目由自己决定，最好与步骤(24)复制的图层数相同，每复制一层就放在下面一层，并且依次向右向下移动一点距离，从复制的第三个图层开始，为图层添加图层样式，在"内发光"设置中，颜色为♯658cd4；"斜面和浮雕"设置中，"高光模式"的颜色设置为♯ffffff，"阴影模式"的颜色设置为♯91bee8。倒数第二个复制的图层，除了内发光、斜面和浮雕样式之外，还要设置投影样式，在"投影"设置中，"混合模式"的颜色设置为♯9c9b99。最后一个复制的图层，除了添加以上三个样式之外，还要设置描边样式，在"描边"设置中，颜色设置为♯4c4e74。各图层样式的设置及最终效果图如图 7-70～图 7-74 所示。

(34) 新建一个组，命名为"小蓝方"，在组中新建一个图层，命名为"顶"，选择工具箱中的钢笔工具，勾画出如图 7-75 所示的路径。

(35) 将该路径转化为选区，选择工具箱中的渐变工具，其选项栏的调整及在"渐变编辑器"对话框中的设置与步骤(28)、步骤(29)相同。按住 Shift 键，从离右下角一定距离的位置，斜着拖动出一条直线，拖动到左上角多出一定距离的位置，如图 7-76 所示。

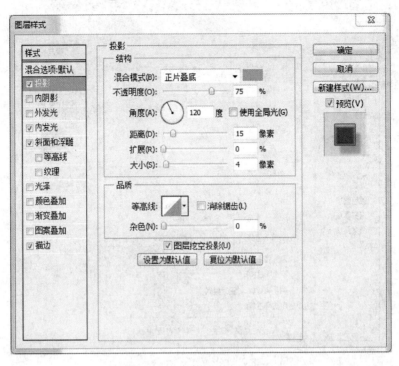

图 7－70　设置"投影"参数

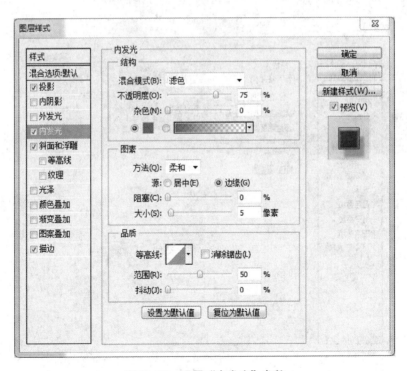

图 7－71　设置"内发光"参数

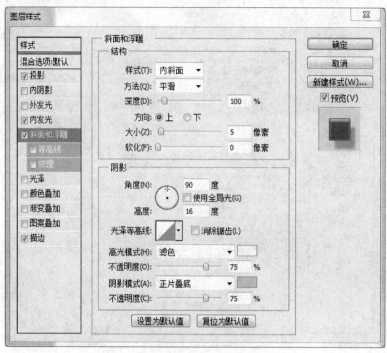

图 7-72 设置"斜面和浮雕"参数

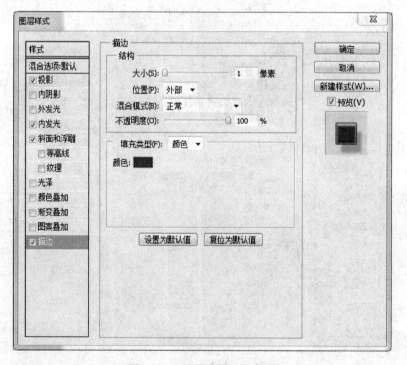

图 7-73 设置"描边"参数

图7-74　"蓝顶"图层加"蓝底"图层效果图　　图7-75　"顶"图层的路径　　图7-76　顶

（36）为"顶"图层添加图层样式，图层样式的设置及最终效果图如图7-77～图7-81所示。在"内阴影"设置中，"混合模式"的颜色设置为♯6a84c3；在"内发光"设置中，颜色设置为♯ffffbe；在"斜面和浮雕"设置中，"高光模式"的颜色设置为♯ffffff，"阴影模式"的颜色设置为♯677cba；在"图案叠加"设置中，用7.4.1.2步骤（31）中的图案。

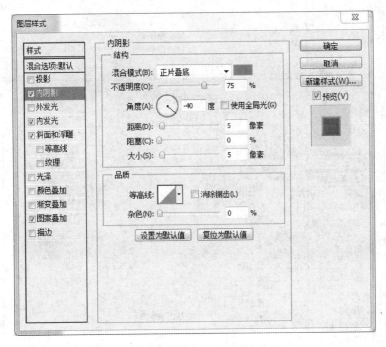

图7-77　设置"内阴影"参数

（37）复制"顶"图层，多复制几次，每复制一层，就依次放在"顶"图层的下面，并依次向右、向下移动一点距离，在复制的最下面一个图层上，设置投影和描边样式。在"投影"设置中，"混合模式"的颜色设置为♯9c9b99；在"描边"设置中，颜色设置为♯2c308b。图层样式的设置、效果图及与之前的合成图如图7-82～图7-85所示。

（38）新建一个组，命名为"大黄方"，在组中新建一个图层，命名为"黄顶"，选择工具箱中的钢笔工具，勾画出如图7-86所示的路径。

（39）将路径转化为选区，选择工具箱中的渐变工具，在其选项栏中调整选项，如图7-87所示。

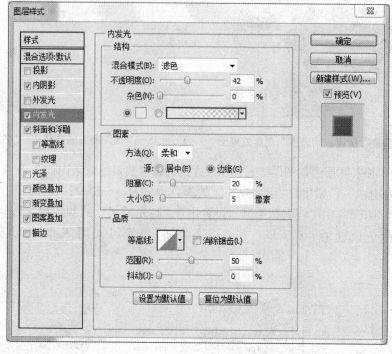

图 7-78　设置"内发光"参数

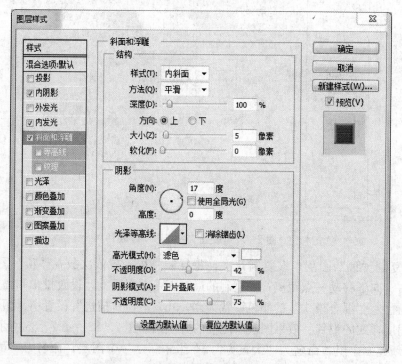

图 7-79　设置"斜面和浮雕"参数

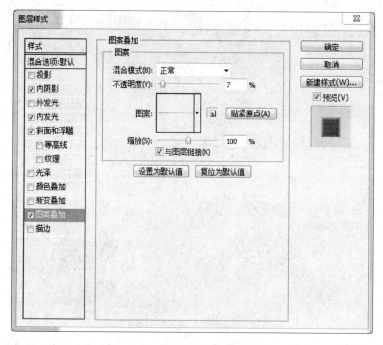

图7-80 设置"图案叠加"参数

图7-81 "顶"图层效果图

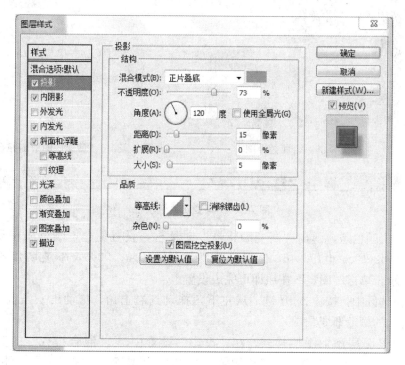

图7-82 设置"投影"参数

計算機圖形用戶界面設計與應用

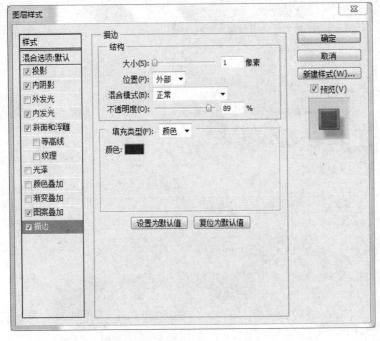

图7-83 设置"描边"参数

图7-84 "小蓝方"效果图

图7-85 合成效果图

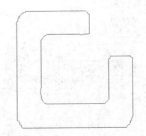

图7-86 "黄顶"图层的路径

图7-87 渐变工具选项栏

(40) 单击颜色条,弹出"渐变编辑器"对话框,设置颜色,颜色从左至右依次为＃bd8640、＃f2c10c、＃f9d246,位置依次为0%、50%、90%,不透明度都为0,如图7-88所示,单击"确定"按钮即可完成设置。

(41) 在选区中,按住Shift键,从左下角拖动到右上角,拖动出一条直线,得到如图7-89所示的颜色渐变。

(42) 为该图层添加图层样式,在"投影"设置中,"混合模式"的颜色设置为＃bd8740;在"内阴影"设置中,"混合模式"的颜色设置为＃bd8740;在"外发光"设置中,颜色设置为＃f9d246;在"内发光"设置中,颜色设置为＃ffffbe;在"斜面和浮雕"设置中,"高光模式"的颜色设置为＃ffffff,"阴影模式"的颜色设置为＃c18f4e;在"图案叠加"设置中,按照7.4.1.2中步骤(11)～步骤(16)的方法制作图案,但是渐变颜色仍为图7-88中设置的颜色,图层样式的设置及效果图如图7-90～图7-96所示。

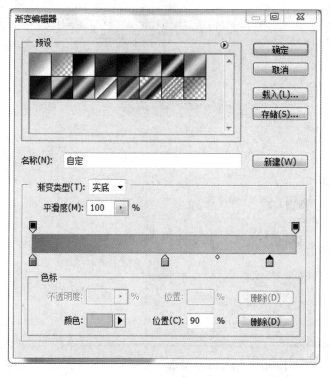

图 7-88 "渐变编辑器"对话框

图 7-89 "黄顶"渐变效果

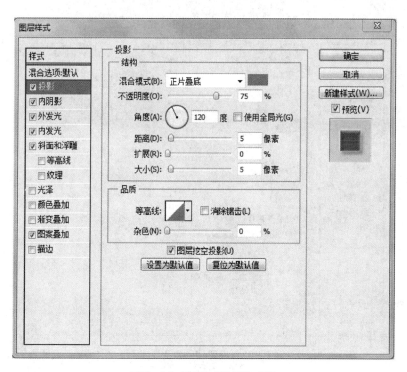

图 7-90 设置"投影"参数

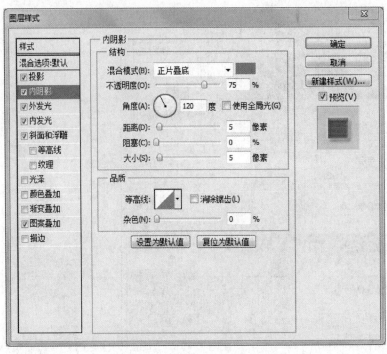

图 7-91　设置"内阴影"参数

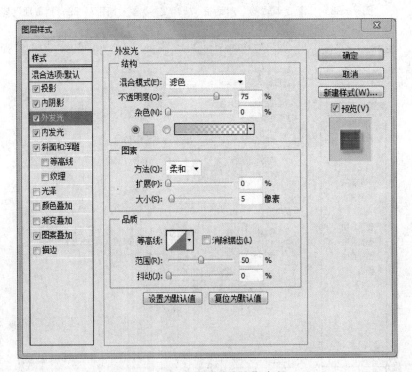

图 7-92　设置"外发光"参数

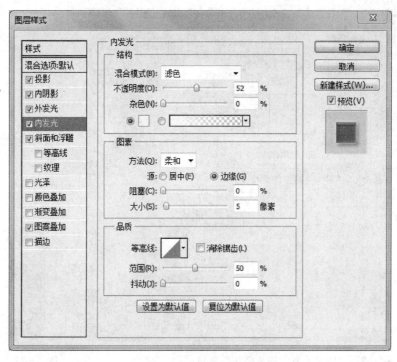

图 7‑93 设置"内发光"参数

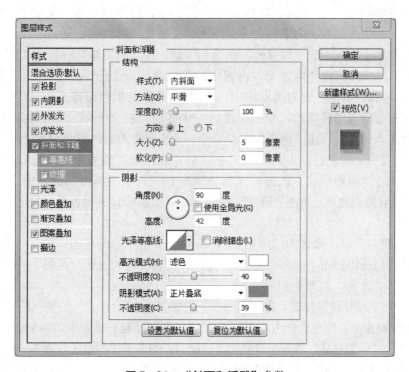

图 7‑94 "斜面和浮雕"参数

219

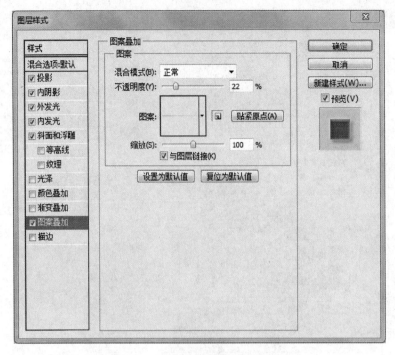

图 7-95 设置"图案叠加"参数

图 7-96 "黄顶"效果图

（43）将该图层多复制几次，具体数目自己决定，每复制一次，就依次放在"黄顶"图层的下面，并依次向右、向下移动一点距离。修改其图层样式，复制的前两个图层，图层样式中只需要设置内阴影、内发光、斜面和浮雕。在"内阴影"设置中"混合模式"的颜色设置为＃cc983b；在"内发光"设置中，颜色设置为＃ffffbe；在"斜面和浮雕"设置中，"高光模式"的颜色设置为＃ffffff，"阴影模式"的颜色设置为＃b47f3e。中间复制的几个图层删除所有图层样式。复制的最后一个图层，在"投影"设置中，"混合模式"的颜色设置为＃9c9b99；在"内阴影"设置中，"混合模式"的颜色设置为＃b27a37；在"内发光"设置中，颜色设置为＃ffffbe；在"斜面和浮雕"设置中，"高光模式"的颜色设置为＃ffffff，"阴影模式"的颜色设置为＃b67d38；在"描边"设置中，颜色设置为＃796121。设置完成之后，单击"确定"按钮即可。图层样式的设置及效果图如图 7-97～图 7-105 所示。

（44）新建一个组，命名为"小黄方"，新建一个图层，命名为"顶"，选择工具箱中的钢笔工具，勾画出如图 7-106 所示的路径，并将其转化为选区，用图 7-88 所示的渐变颜色拖动出渐变效果，如图 7-106 所示。

（45）为图层添加图层样式，在"内阴影"设置中，"混合模式"的颜色设置为＃f6d34e；在"内发光"设置中，颜色设置为＃ffffbe；在"斜面和浮雕"设置中，"高光模式"的颜色设置为＃ffffff，"阴影模式"的颜色设置为＃e4bb1e；图案叠加的设置与图 7-95 一样，单击"确定"按钮即可完成设置。图层样式的设置及效果图如图 7-107～图 7-111 所示。

（46）将该图层多复制几次，每复制一次，依次放在"顶"图层的下面，复制的最后一个图层，除了设置以上的图层样式之外，在"投影"设置中，"混合模式"的颜色设置为＃9c9b99；在"描边"设置中，颜色设置为＃796121。图层样式的设置及效果图

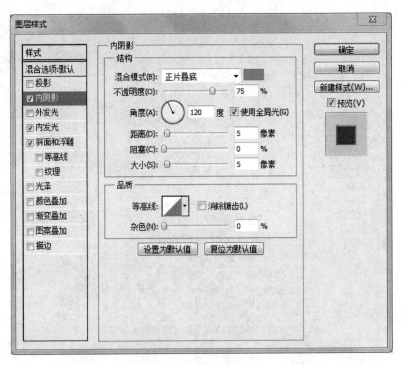

图 7 - 97　设置前两个图层的"内阴影"参数

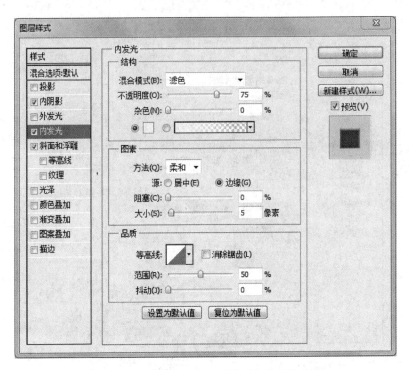

图 7 - 98　设置前两个图层的"内发光"参数

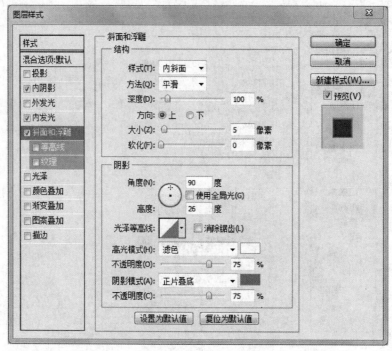

图 7-99　设置前两个图层的"斜面和浮雕"参数

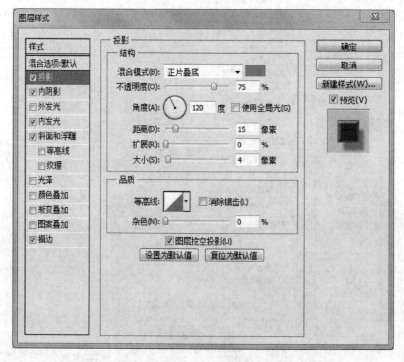

图 7-100　设置最后一个图层的"投影"参数

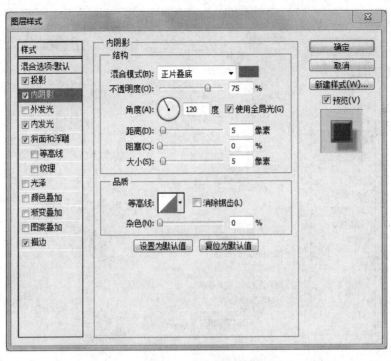

图 7-101 设置最后一个图层的"内阴影"参数

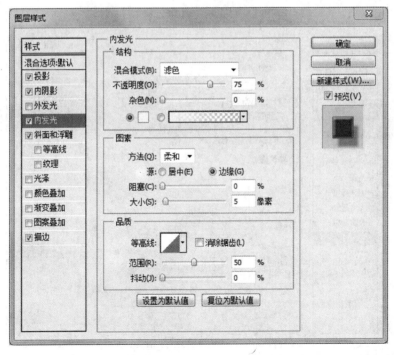

图 7-102 设置最后一个图层的"内发光"参数

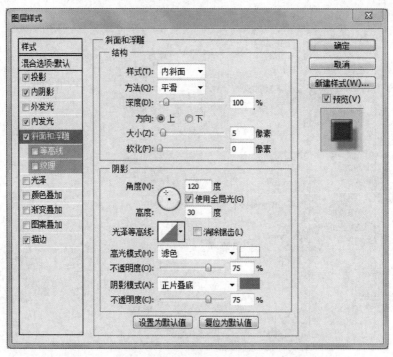

图 7‑103　设置最后一个图层的"斜面和浮雕"参数

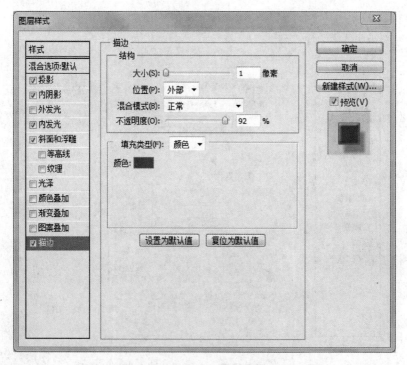

图 7‑104　设置最后一个图层的"描边"参数

图 7－105　"大黄方"的效果图　　　　　　　　图 7－106　顶

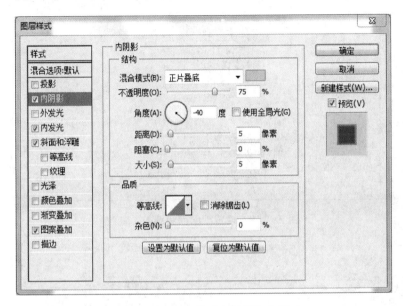

图 7－107　设置"内阴影"参数

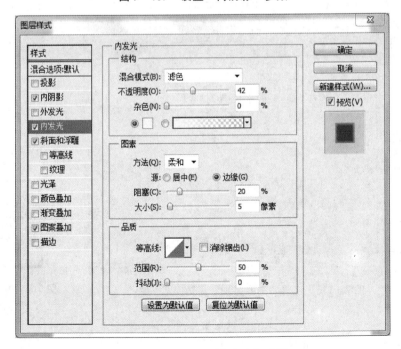

图 7－108　设置"内发光"参数

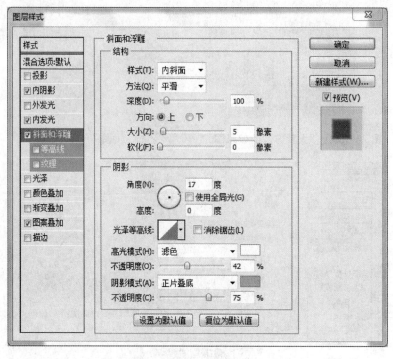

图 7-109 设置"斜面和浮雕"参数

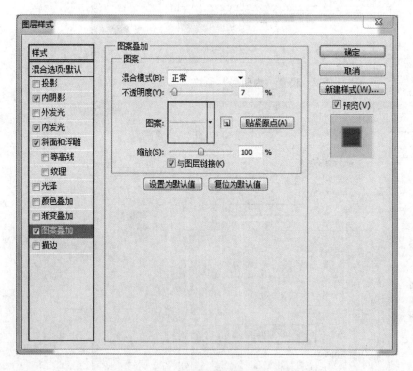

图 7-110 设置"图案叠加"参数

图 7-111 "顶"图层
的效果图

如图 7-112～图 7-114 所示。与之前的橘色、蓝色合并后的效果图如图 7-115 所示。

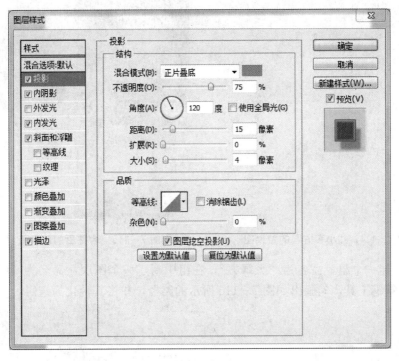

图 7-112 设置最后一个图层的"投影"参数

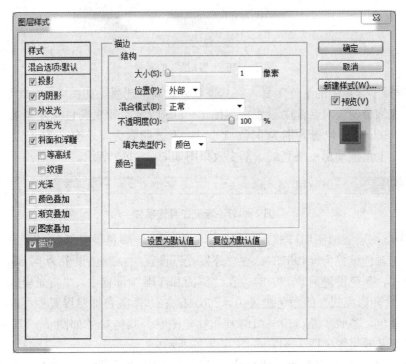

图 7-113 设置最后一个图层的"描边"参数

图7-114　"小黄方"的效果图　　　　图7-115　合并后的效果图

（47）新建一个组，命名为"大绿方"，在组中新建一个图层，命名为"绿顶"，选择工具箱中的钢笔工具，勾画出如图7-116所示的路径，并将其转化为选区。

图7-116　"绿顶"的路径

（48）选择工具箱中的渐变工具，在其选项栏中调整选项，如图7-117所示，渐变颜色可在"渐变编辑器"对话框中设置，如图7-118所示，渐变颜色从左至右依次设置为 ♯4f7432、♯8ebd55，位置分别为0%、100%，不透明度为0。按住Shift键，在选区中自右下角向左上角拖动出一条直线，渐变效果图如图7-119所示。

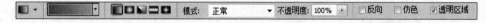

图7-117　渐变工具选项栏

（49）为该图层添加图层样式，在"投影"设置中，颜色设置为♯496734；在"内阴影"设置中，颜色设置为♯496734；在"外发光"设置中，颜色设置为♯588f3b；在"内发光"设置中，颜色设置为♯496734；在"斜面和浮雕"设置中，"高光模式"的颜色设置为♯ffffff，"阴影模式"的颜色设置为♯80b54f；在"图案叠加"设置中，选用图7-118所示的渐变颜色，参照步骤（11）～（16）制作抽丝图案，其他参数如图7-125所示。图层样式的设置图及效果图如图7-120～图7-126所示。

（50）将该图层多复制几次，依次放在"绿顶"图层的下面，并向右、向下移动一点距离（这里复制了五次，第一层去掉所有图层样式；第二～四层只保留内发光与斜面和浮雕样式，设置内发光颜色为♯518c33，设置斜面和浮雕的"高光模式"颜色为♯ffffff，

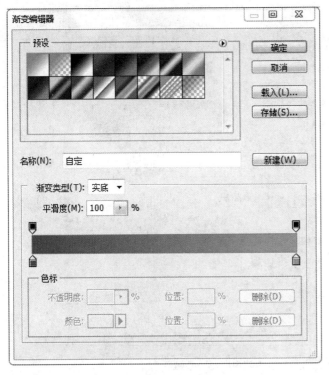

图 7-118　"渐变编辑器"对话框

图 7-119　"绿顶"渐变效果图

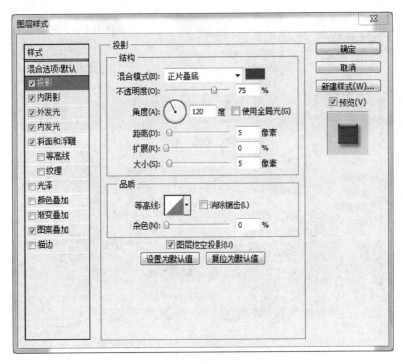

图 7-120　设置"投影"参数

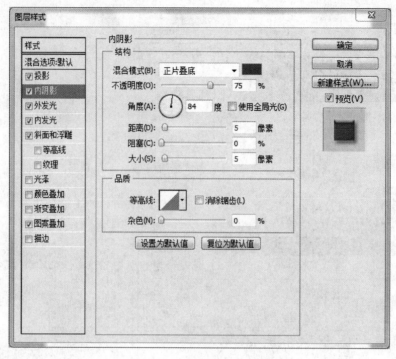

图 7‑121 设置"内阴影"参数

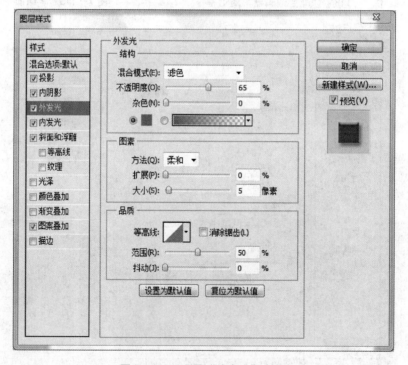

图 7‑122 设置"外发光"参数

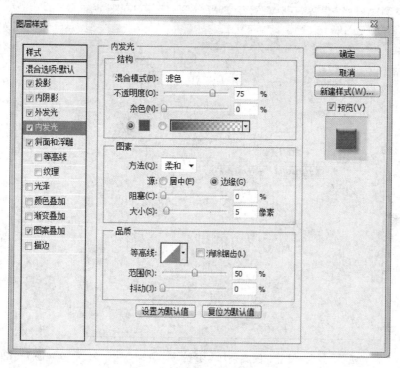

图 7 - 123　设置"内发光"参数

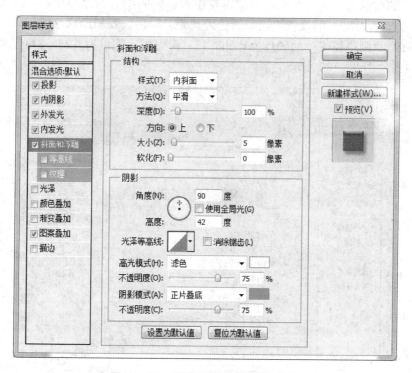

图 7 - 124　设置"斜面和浮雕"参数

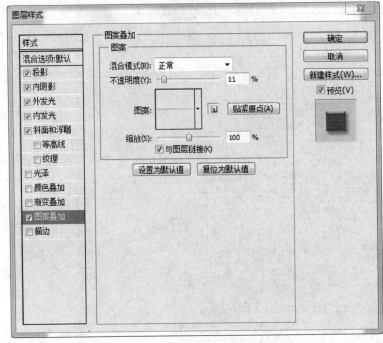

图 7 - 125 设置"图案叠加"参数

图 7 - 126 效果图

"阴影模式"的颜色为♯3b6a26；第五层需要投影、内阴影、斜面和浮雕、描边样式，设置投影颜色为♯9c9b99，的设置内阴影颜色为♯508134，设置斜面和浮雕"高光模式"的颜色为♯ffffff，"阴影模式"的颜色为♯5b8943，设置描边颜色为♯283524)设置图及效果图如图 7 - 127～图 7 - 133 所示。

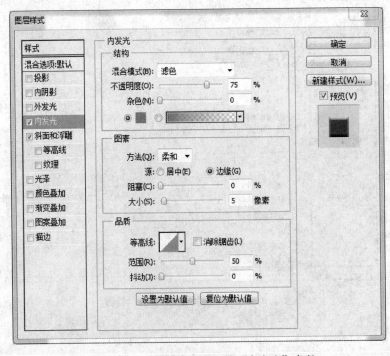

图 7 - 127 设置第二～四层的"内发光"参数

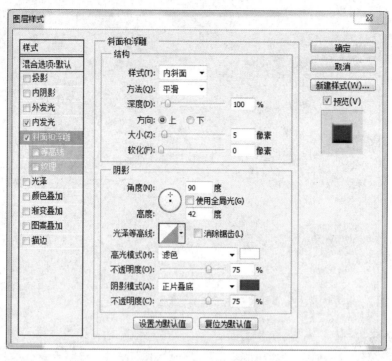

图 7–128 设置第二～四层的"斜面和浮雕"参数

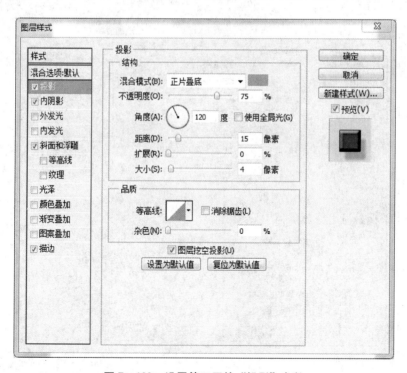

图 7–129 设置第五层的"投影"参数

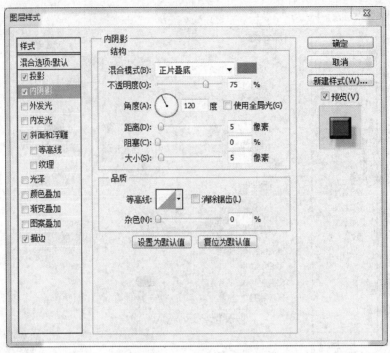

图 7 - 130　设置第五层的"内阴影"参数

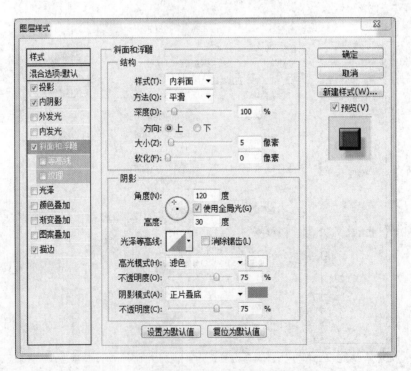

图 7 - 131　设置第五层的"斜面和浮雕"参数

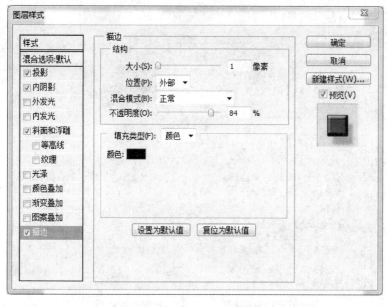

图7–132 设置第五层的"描边"参数　　图7–133 "绿顶"的效果图

（51）新建一个组，命名为"小绿方"，在组中新建一个图层，命名为"顶"，选择工具箱中的钢笔工具勾画出路径，并转化为选区，选择工具箱中的渐变工具，用图7–118所示的渐变颜色，拖动出渐变效果，如图7–134所示，并为该图层添加图层样式，设置内阴影颜色为♯7dbb52；设置内发光颜色为♯ffffbe；设置斜面和浮雕"高光模式"的颜色为♯ffffff，"阴影模式"颜色为♯7dbb52；设置图案叠加颜色与"大绿方"图层的图案相同，图层样式的设置及效果图如图7–135～图7–139所示。

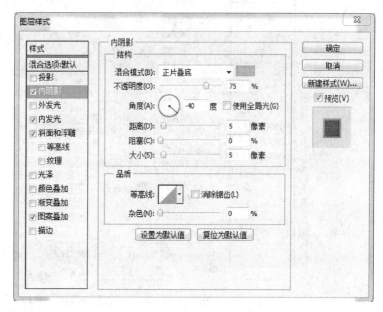

图7–134 "顶"的初图　　图7–135 设置"内阴影"参数

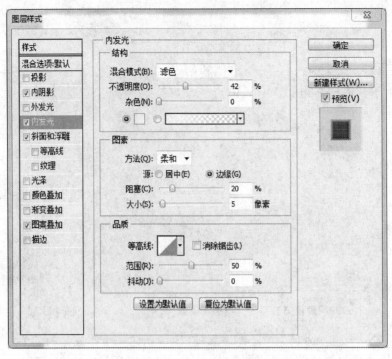

图 7-136　设置"内发光"参数

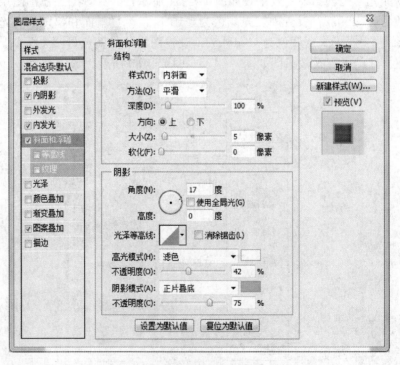

图 7-137　设置"斜面和浮雕"参数

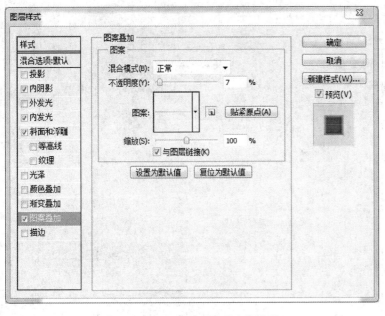

图 7－138　设置"图案叠加"参数　　　　　　图 7－139　"顶"的效果图

（52）将该图层多复制几次，依次放在"顶"图层的下面，并向右向、向下移动一点距离，图层样式只需修改内阴影中的颜色，将其变为♯8ade54 即可。在最后一个图层中，添加投影样式，设置颜色为♯9c9b99，添加描边样式，设置颜色为♯6e8153。图层样式的设置及效果图如图 7－140～图 7－142 所示，最终标志如图 7－143 所示。

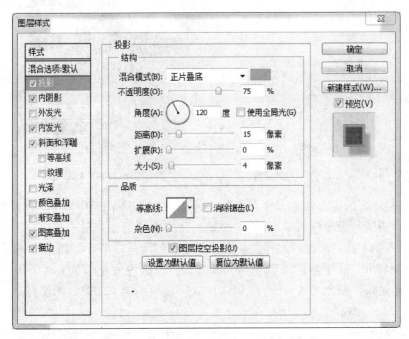

图 7－140　设置最后一个图层的"投影"参数

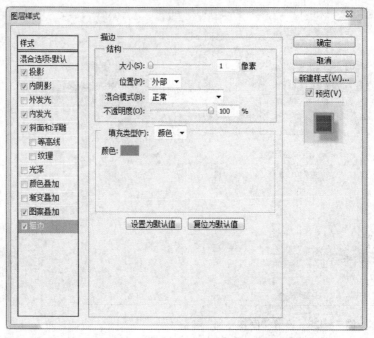

图7-141　设置最后一个图层的"描边"参数

图7-142　"小绿方"的效果图　　　　　　图7-143　标志图

（53）将制作好的标志移动到"主页"文件中，按 Ctrl＋D 组合键，对其大小进行编辑，新建一个图层，命名为"输入框"，选择工具箱中的圆角矩形工具，在其选项栏调整选项，如图 7-144 所示。在标志旁拖动出一个白色的圆角矩形，如图 7-145 所示。为该图层添加图层样式，设置内阴影颜色为＃000000；设置内发光颜色为＃ffffbe；设置斜面和浮雕"高光模式"颜色为＃ffffff，"阴影模式"颜色为＃4f6693。图层样式的设置及效果图如图 7-146～图 7-149 所示。

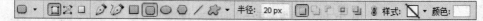

图7-144　圆角矩形工具选项栏

图 7－145 "输入框"初图

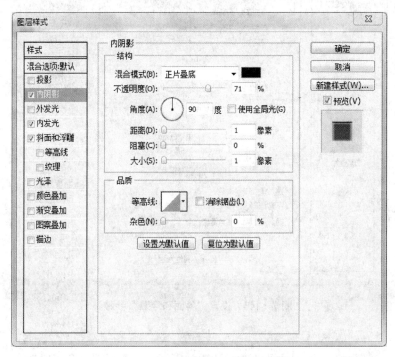

图 7－146 设置"内阴影"参数

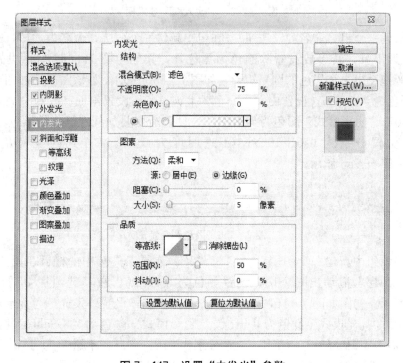

图 7－147 设置"内发光"参数

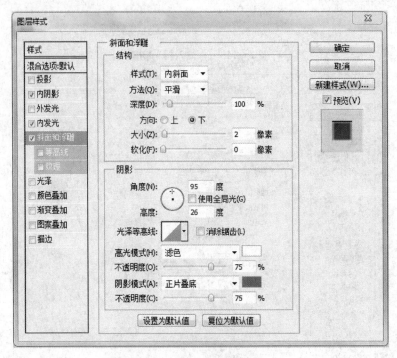

图 7-148　设置"斜面和浮雕"参数

图 7-149　"输入框"效果图

（54）新建一个组，命名为"按钮"，在组中新建一个图层，命名为"1"，选择工具箱中的圆角矩形工具，其参数设置除颜色为黑色外，其他与图 7-144 所示设置一样。在"输入框"旁拖动出一个黑色的圆角矩形，如图 7-150 所示。为该图层添加图层样式，设置内阴影颜色为♯c9c6c6；设置内发光颜色为♯c4c7d0；设置斜面和浮雕"高光模式"颜色为♯c6c8d7，"阴影模式"颜色为♯d1d3d9；设置渐变叠加从左至右的颜色为♯cacdda、♯c4c7d0，位置分别为 0%、100%，不透明度为 0。图层样式的设置及效果图如图 7-151～图 7-155 所示。

图 7-150　黑色圆角矩形

（55）在该组中新建一个图层，命名为"2"，选择工具箱中的椭圆工具，按住 Shift 键，在"1"图层上拖动出一个圆，设置颜色为♯e8eaf0。在其选项栏中调整选项，如图 7-156 所示。初图如图 7-157 所示，添加图层样式，设置外发光颜色为♯a9abb4；设置斜面和浮雕"高光模式"颜色为♯ffffff，"阴影模式"颜色为♯8a9abf；设置渐变叠加颜色从左至右为♯9498a5、♯ffffff，位置分别为 0%、45%，不透明度为 0；设置描边颜色为♯a19faa。图层样式的设置及效果图如图 7-158～图 7-162 所示。

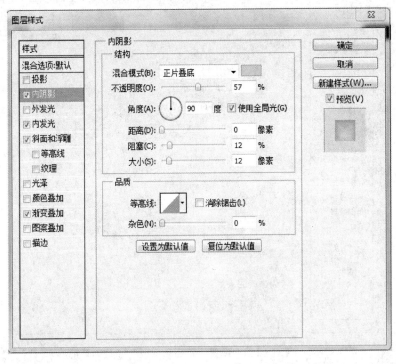

图7-151 设置"内阴影"参数

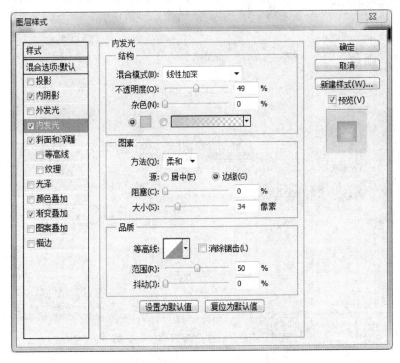

图7-152 设置"内发光"参数

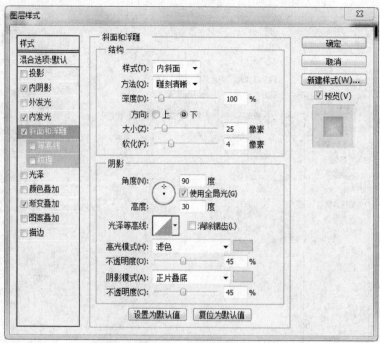

图 7 – 153 设置"斜面和浮雕"参数

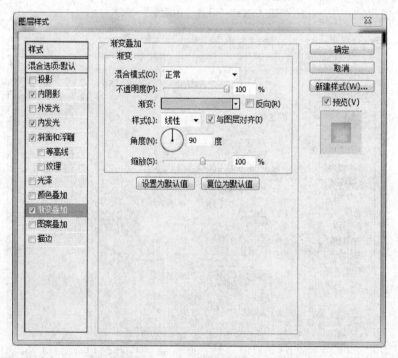

图 7 – 154 设置"渐变叠加"参数

图 7 – 155 "1"的效果图

图 7 - 156 椭圆工具选项栏

图 7 - 157 "2" 的初图

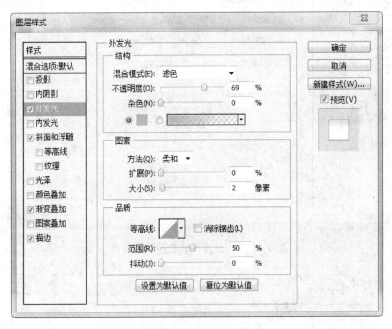

图 7 - 158 设置 "外发光" 参数

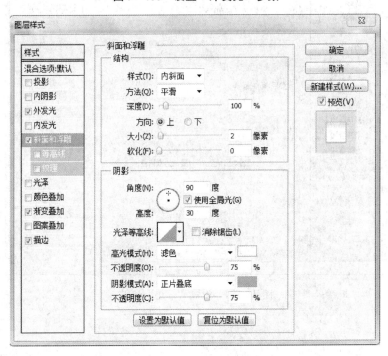

图 7 - 159 设置 "斜面和浮雕" 参数

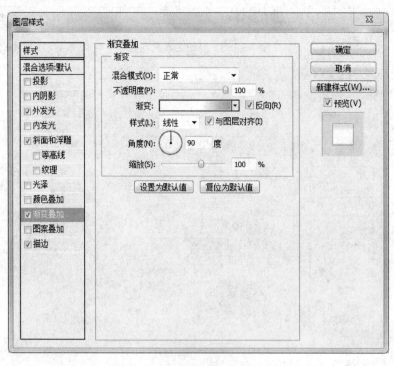

图 7 - 160　设置"渐变叠加"参数

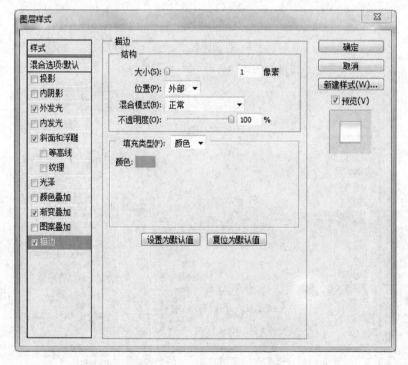

图 7 - 161　设置"描边"参数

图 7 - 162 "2"的效果图

(56) 复制图层"2",移动到图层"1"的右边,如图 7 - 163 所示。新建图层"3",选择工具箱中的自定形状工具,在其选项栏中设置选项,如图 7 - 164 所示,设置颜色为♯8a8a92。"3"的初图如图 7 - 165 所示。添加图层样式,设置内阴影颜色为♯8a8a92;设置外发光颜色为♯ffffbe;设置斜面和浮雕"高光模式"颜色为♯7c7ce8,"阴影模式"颜色为♯96969d。图层样式的设置及效果图如图 7 - 166~图 7 - 169 所示。

图 7 - 163 复制效果图

图 7 - 164 自定形状工具选项栏

图 7 - 165 "3"的初图

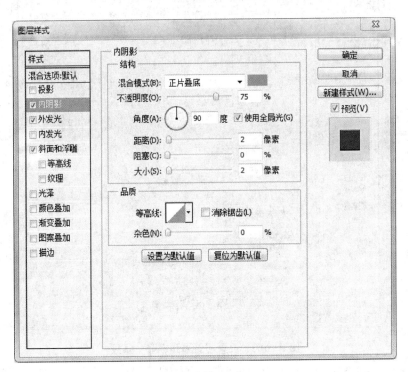

图 7 - 166 设置"内阴影"参数

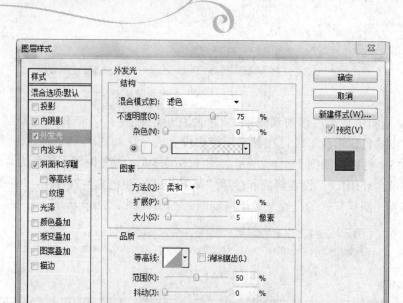

图 7–167 设置"外发光"参数

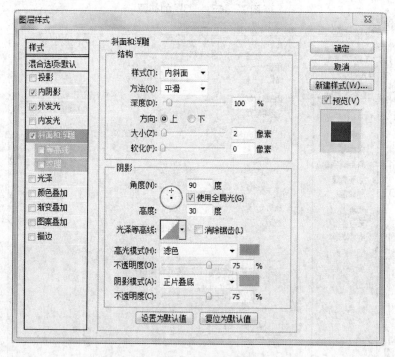

图 7–168 设置"斜面和浮雕"参数

图 7–169 "3"的效果图

（57）新建一个图层"4"，选择工具箱中的自定形状工具，在其选项栏中调整选项，如图 7-170 所示设置颜色为♯8a8a92。拖动出心形，添加图层样式，设置内阴影颜色为♯8a8a92；设置外发光颜色为♯ffffbe；设置斜面和浮雕"高光模式"颜色为♯8a8a92，"阴影模式"颜色为♯8a8a92。图层样式的设置及效果图如图 7-171～图 7-174 所示。

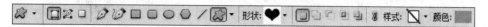

图 7-170　自定形状工具选项栏

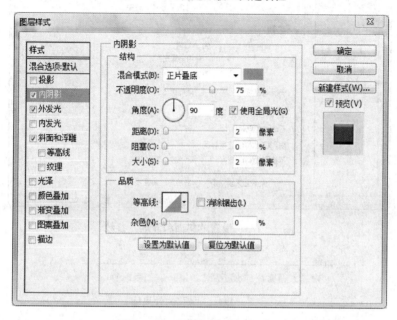

图 7-171　设置"内阴影"参数

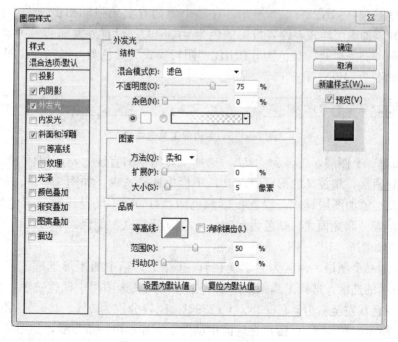

图 7-172　设置"外发光"参数

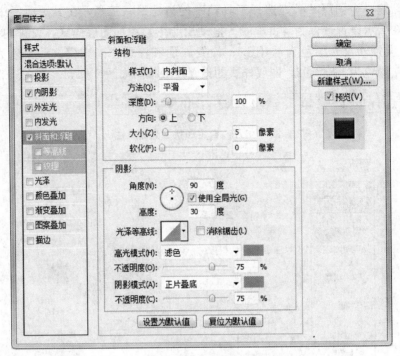

图7-173　设置"斜面和浮雕"参数

图7-174　"4"的效果图

（58）在该组外新建一个图层，命名为"三角形"，选择工具箱中的多边形工具，在其选项栏中调整选项，如图7-175所示。在整个界面右上角拖动出倒三角，设置颜色为＃8a8a92，并添加图层样式，设置投影颜色为＃8a8a92；设置外发光颜色为＃55554f；设置斜面和浮雕"高光模式"颜色为＃ffffff，"阴影模式"颜色为＃737070。图层样式的设置及效果图如图7-176～图7-179所示。

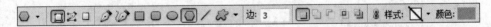

图7-175　多边形工具选项栏

（59）新建一个图层，命名为"叉"，选择工具箱中的直线工具，按住Shift键，斜着拖动出两条短直线，组成叉的形状，在其选项栏中调整选项，如图7-180所示，设置颜色为＃8a8a92。添加图层样式，设置投影颜色为＃4f5058；设置外发光颜色为＃3c3c38；设置斜面和浮雕"高光模式"颜色为＃544e4e，"阴影模式"颜色为＃312f2f。图层样式的设置及效果图如图7-181～图7-184所示。

（60）新建一个图层，命名为"切换栏"，选择工具箱中的矩形选框工具，拖动出如图7-185所示的选区，选择工具箱中的渐变工具，在其选项栏中调整选项，如图7-186所示。渐变颜色从左至右为＃f18c3b、＃e2793f，位置分别为0％、100％，不透明度为0如图7-187所示。按住Shift键，在选区中从上至下拖动出一条直线，如图7-188所示。

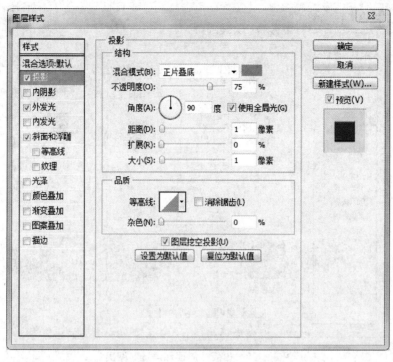

图 7 - 176 设置"投影"参数

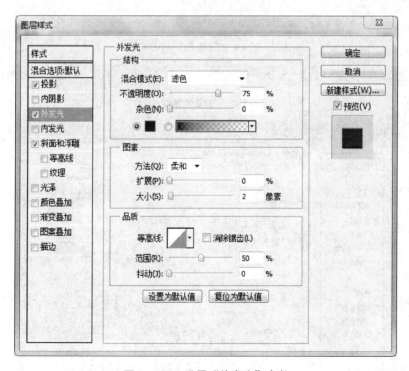

图 7 - 177 设置"外发光"参数

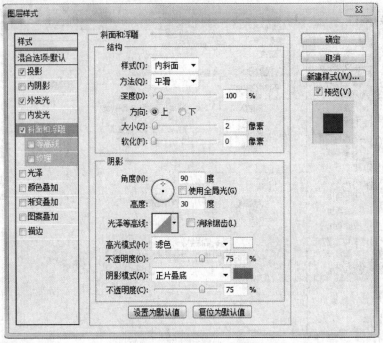

图 7-178　设置"斜面和浮雕"图层

图 7-179　"三角形"的效果图

图 7-180　直线工具选项栏

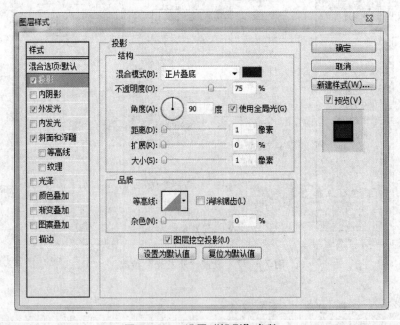

图 7-181　设置"投影"参数

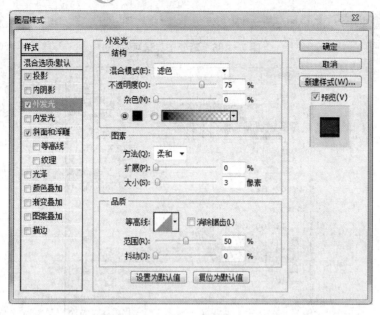

图 7－182　设置"外发光"参数

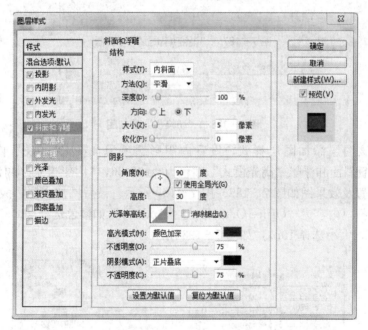

图 7－183　设置"斜面和浮雕"参数

图 7－184　"叉"的效果图

图 7－185　切换栏选区

图 7-186　渐变工具选项栏

图 7-187　"渐变编辑器"对话框

图 7-188　"切换栏"的初图

（61）为该图层添加图层样式，设置内阴影颜色为♯cf7f38；设置内发光颜色为♯ee8538；设置斜面和浮雕"高光模式"颜色为♯e98e36，"阴影模式"颜色为♯c3874c。图层样式的设置及效果图如图 7-189～图 7-192 所示。最后添加文字，颜色、字体、大小可以自行选择，内容为"Office Online"与"Address"如颜色选择♯a0a1a6，字体选择 Britannic Bold，大小选择 10px，如图 7-193 所示。

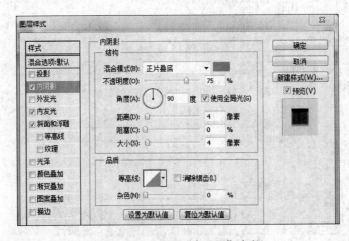

图 7-189　设置"内阴影"参数

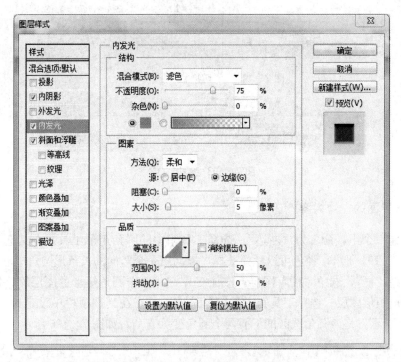

图7-190 设置"内发光"参数

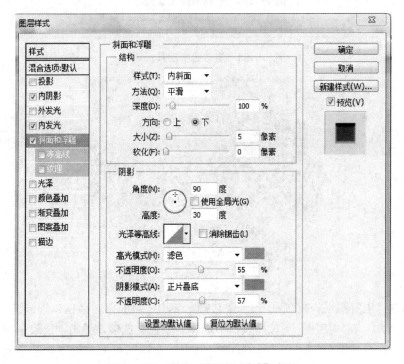

图7-191 设置"斜面和浮雕"参数

图 7 - 192　"切换栏"的效果图

图 7 - 193　添加文字

7.2.3　制作界面的左边内容

（1）新建一个组，命名为"左边"，选择工具箱中的圆角矩形工具，在其选项栏中调整选项，如图 7 - 194 所示，颜色可以随便选择，拖动出一个竖向的长条形圆角矩形。新建一个图层，命名为"框"，选中"框"图层，按住 Ctrl 键，单击圆角矩形的图层缩略图，载入选区，隐藏圆角矩形图层。选择工具箱中的矩形选框工具，在其选项栏中设定为添加到选区，如图 7 - 195 所示。将该圆角选区的下面两个圆角变为直角，如图 7 - 196 所示。

图 7 - 194　圆角矩形工具选项栏

图 7 - 195　矩形选框工具选项栏

图 7 - 196　框选区

（2）选中"框"图层，按 Shift+F5 组合键，弹出"填充"对话框，为该选区填充颜色，如图 7 - 197 所示。在"使用"下拉列表框中选择"颜色"选项，弹出"选取一种颜色"对话框，选择颜色♯e0e0e9，单击两个对话框的"确定"按钮即可完成设置，按 Ctrl+T 组合键取消选区。初图如图 7 - 198 所示。为该图层添加图层样式，设置内阴影颜色为♯cecfd3；设置内发光颜色为♯ffffbe；设置斜面和浮雕"高光模式"颜色为♯ffffff，"阴影模式"颜色为♯c2b8b8；设置描边颜色为♯b1afbd。图层样式的设置及效果图如图 7 - 199～图 7 - 203 所示。

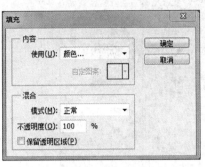

图 7-197 "填充"对话框　　　　图 7-198 "框"的初图

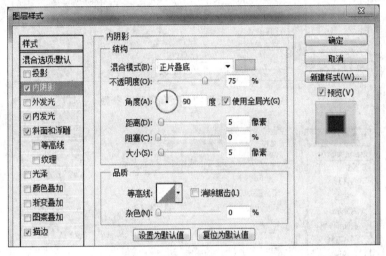

图 7-199 设置"内阴影"参数

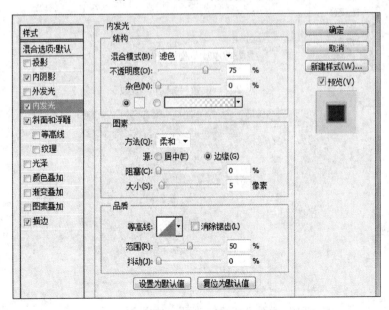

图 7-200 设置"内发光"参数

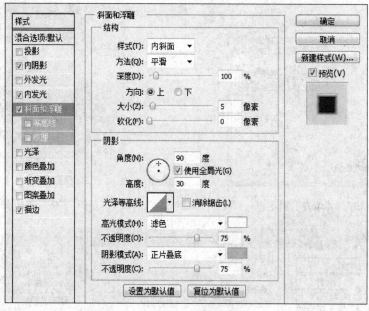

图 7-201 设置"斜面和浮雕"参数

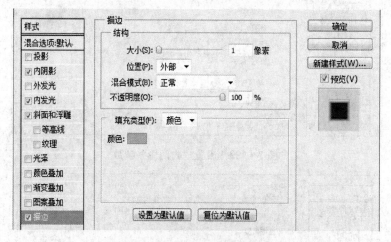

图 7-202 设置"描边"参数

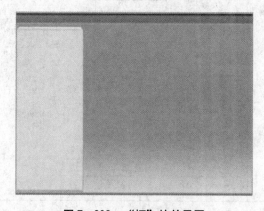

图 7-203 "框"的效果图

（3）新建一个图层，命名为"上框"，选择工具箱中的钢笔工具，在框的上部勾画出如图7-204所示的路径，并将其转化为选区，选择工具箱中的渐变工具，在其选项栏中调整选项，如图7-205所示，渐变颜色从左至右依次为＃b5b9c7、＃ebeae9，位置分别为0％、100％，不透明度为0，按住Shift键，在选区中从下至上拖动出一条直线。拖动时注意，直线拖动到离上选区边10％的位置即可。"渐变编辑器"对话框的设置如图7-206所示。初图如7-207所示。

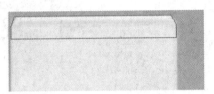

图7-204 "上框"的路径

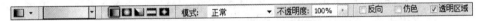

图7-205 渐变工具选项栏

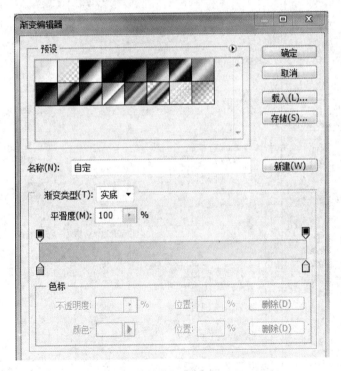

图7-206 "渐变编辑器"对话框

图7-207 "上框"的初图

（4）为该图层添加图层样式，设置内发光颜色为＃ffffbe；设置斜面和浮雕"高光模式"颜色为＃ffffff，"阴影模式"颜色为＃c6c8d1。图层样式的设置及效果图如图7－208～图7－210所示。

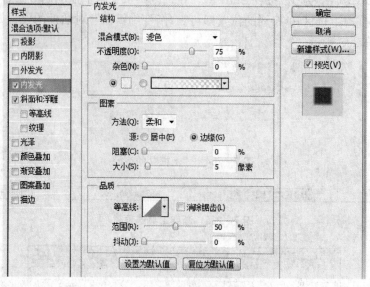

图7－208　设置"内发光"参数

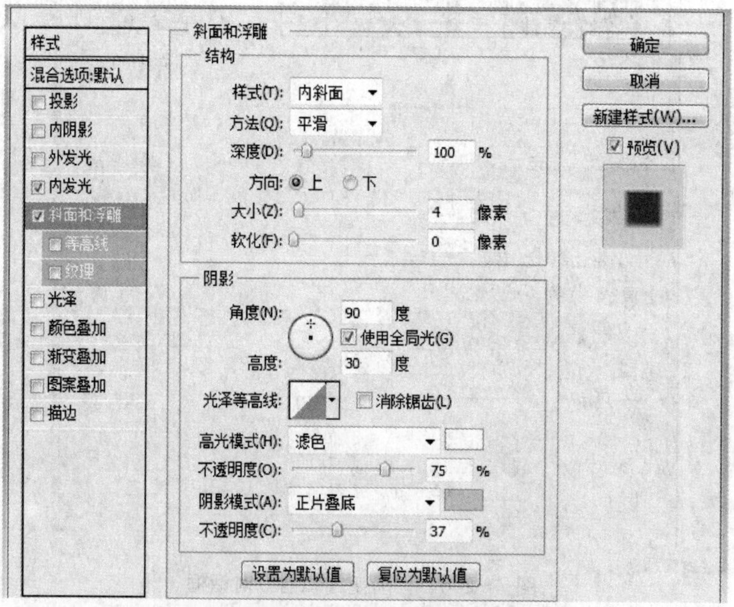

图7－209　设置"斜面和浮雕"参数

图7－210　"上框"的效果图

（5）新建一个图层，命名为"上右框"，选择工具箱中的圆角矩形工具，颜色调整为黑色，在"上框"右侧拖动出一个黑色圆角框，如图 7-211 所示。添加图层样式，设置内阴影颜色为♯8b8383；设置内发光颜色为♯d4d7e1；设置斜面和浮雕"高光模式"颜色为♯dcdee8，"阴影模式"颜色为♯e1e1e6；设置渐变叠加颜色从左至右依次为♯dee0e8、♯ebeef5，位置分别为0%、100%，不透明度为0。图层样式的设置及效果图如图 7-212～图 7-216 所示。

图 7-211　"上右框"的初图

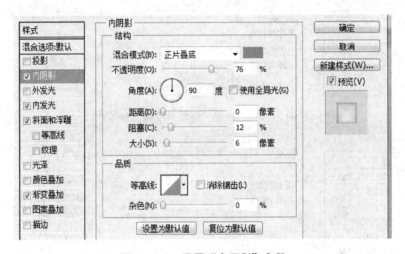

图 7-212　设置"内阴影"参数

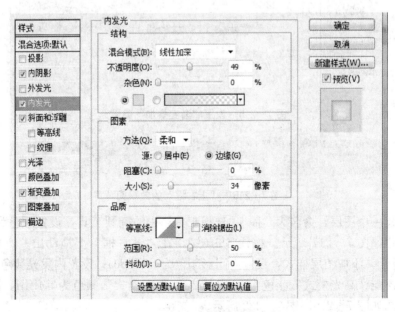

图 7-213　设置"内发光"参数

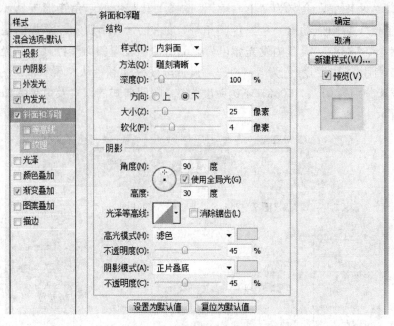

图 7-214　设置"斜面和浮雕"参数

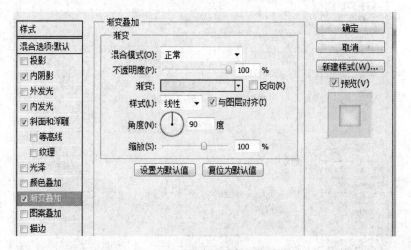

图 7-215　设置"渐变叠加"参数

图 7-216　"上右框"的效果图

　　(6) 新建一个图层，命名为"圈"，选择工具箱中的椭圆工具，设置颜色为＃a09db0，其工具选项栏如图 7-217 所示。按住 Shift 键，在"上右框"上拖动出一个圆，初图如图 7-218 所示。添加图层样式，设置内阴影颜色为＃bfbdca；设置内发光颜色为＃ffffbe；设置斜面和浮雕"高光模式"颜色为＃adb1bd，"阴影模式"颜色为＃ffffff。图层样式的设置及效果图如图 7-219～图 7-222 所示。

图 7-217 椭圆工具选项栏

图 7-218 "圈"的初图

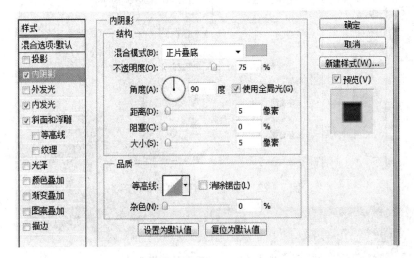

图 7-219 设置"内阴影"参数

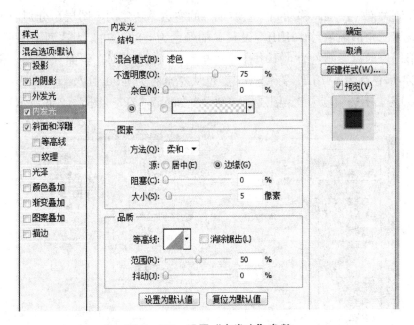

图 7-220 设置"内发光"参数

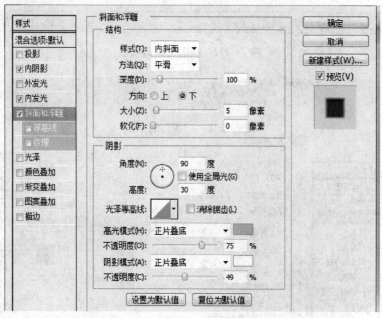

图 7-221　设置"斜面和浮雕"参数

图 7-222　"圈"的效果图

（7）复制"圈"图层，移动到"上右框"的右边。新建两个图层，分别用来画上三角形和叉，设置三角形颜色为＃ffffff，设置叉的颜色为＃8b8b93。为这两个图层添加样式，设置三角形图层的投影颜色为＃ffffff；外发光颜色为＃f6f6d4；斜面和浮雕"高光模式"、"阴影模式"颜色都为＃ffffff；渐变叠加颜色从左至右为＃9da4b7、＃9da4b7，位置分别为 0%、100%，不透明度为 0。图层样式的设置如图 7-223～图 7-226 所示。

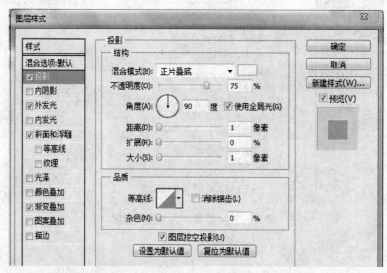

图 7-223　设置三角形的"投影"参数

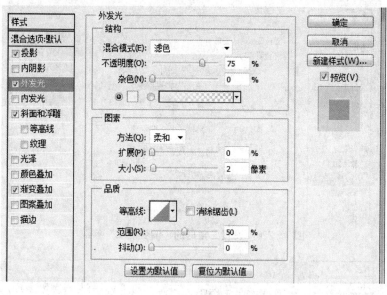

图 7 - 224　设置三角形的"外发光"参数

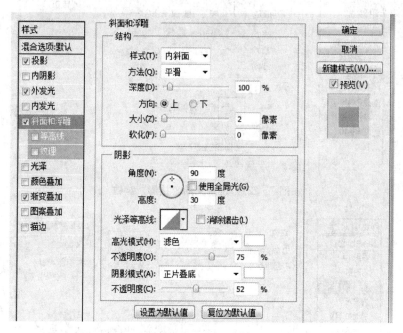

图 7 - 225　设置三角形的"斜面和浮雕"参数

叉图层的投影与三角图层颜色一样；设置外发光颜色为♯ffffff；斜面和浮雕与三角图层颜色一样；渐变叠加颜色从左至右为♯ffffff、♯9da4b7、♯ffffff，位置分别为0%、49%、100%，不透明度为0。图层样式的设置如图 7 - 227～图 7 - 230 所示。效果图如图 7 - 231 所示。

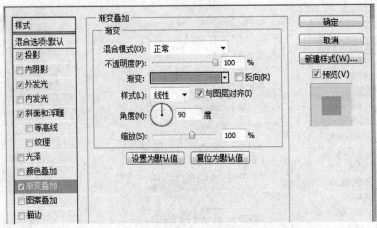

图 7-226 设置三角形的"渐变叠加"参数

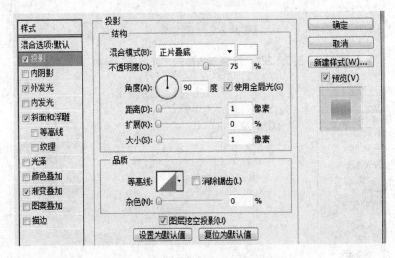

图 7-227 设置叉的"投影"参数

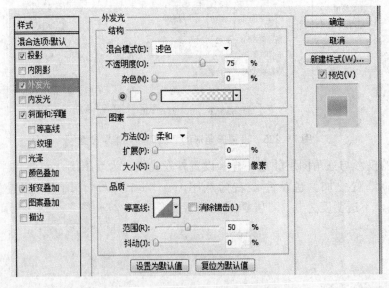

图 7-228 设置叉的"外发光"参数

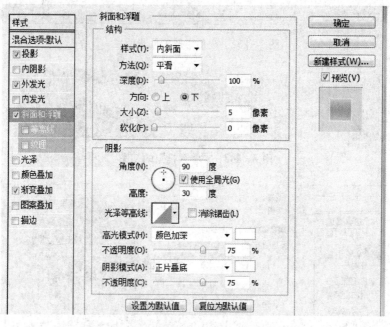

图 7‑229　设置叉的"斜面和浮雕"参数

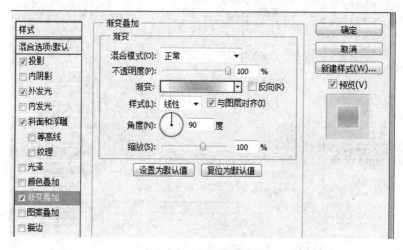

图 7‑230　设置叉的"渐变叠加"参数

图 7‑231　效果图

（8）选择工具箱中的圆角矩形工具，在其选项栏中调整选项，如图 7‑232 所示。拖动出一个白色的圆角框，初图如图 7‑233 所示。该图层命名为"输入框"，添加图层样式，设置内阴影颜色为♯a1aac5；设置内发光颜色为♯ffffbe；设置斜面和浮雕"高光模式"颜色为♯ffffff，"阴影模式"颜色为♯2e2e2f；设置描边颜色为♯9da4b7。图层样式的设置及效果图如图 7‑234～图 7‑238 所示。

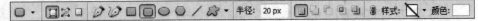

图 7–232 圆角矩形工具选项栏

图 7–233 "输入框"的初图

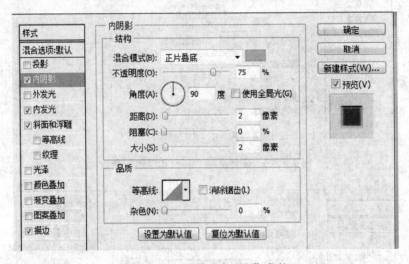

图 7–234 设置"内阴影"参数

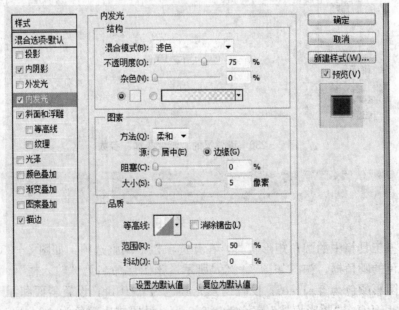

图 7–235 设置"内发光"参数

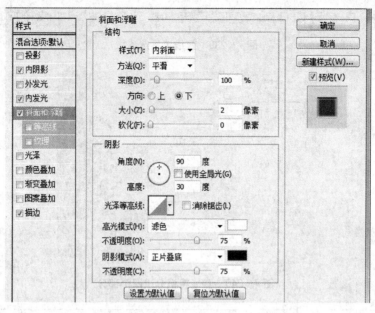

图7-236 设置"斜面和浮雕"参数

图7-237 设置"描边"参数

图7-238 "输入框"的效果图

(9) 选择工具箱中的直线工具,设置颜色为♯cacad0,其选项栏如图7-239所示,拖动出一条直线,并复制两次,移动到适当位置,将框分为四个部分,如图7-240所示。之后选择工具箱中的矩形工具,设置颜色为♯e9823d,其选项栏如图7-241所示,拖动出小方形,大小自己调整,复制几次,如图7-242所示。添加文字,内容、颜色、字体、大小都可自定,如从上向下字体颜色可用♯58595a、♯838386、♯acaebb,内容为说明该处用途的语句,字体可用Britannic Bold,大小适当调整即可。效果如图7-243所示。

图 7 – 239　直线工具选项栏

图 7 – 240　直线将框分成四个部分

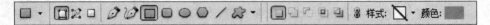

图 7 – 241　矩形工具栏

图 7 – 242　小方形图

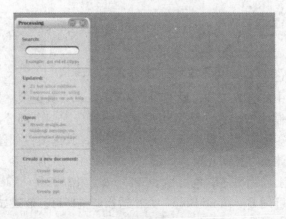

图 7 – 243　添加文字后的效果图

7.2.4 制作界面的右边内容

（1）制作文件夹，新建一个大小为 1287×128 像素的画布，选择透明背景。新建图层，命名为"夹1"，然后选择工具箱中的钢笔工具画出类似图 7-244 所示的形状。

图 7-244 "夹1"的初图

（2）添加图层样式，设置内发光颜色为 ♯ffffff，设置渐变叠加颜色为 ♯ffd27a、♯ffb912，设置描边颜色为 ♯c07c33，并将其旋转一定的角度。图层样式的设置及效果图如图 7-245～图 7-248 所示。

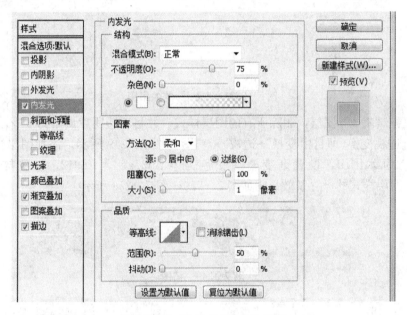

图 7-245 设置"内发光"参数

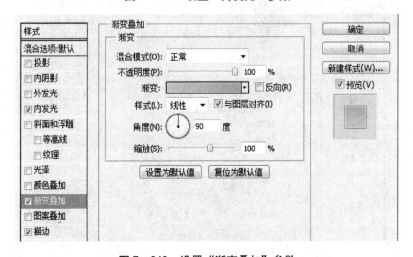

图 7-246 设置"渐变叠加"参数

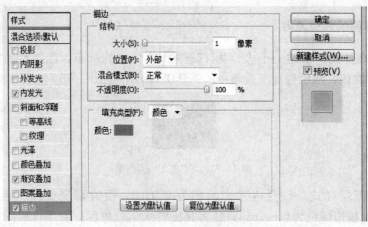

图 7-247 设置"描边"参数

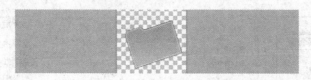

图 7-248 "夹 1"的效果图

（3）复制"夹 1"图层，删除所有的图层样式，并将不透明度调整为 55%，需要在新图层上进行透视变换（即自由变换→透视），初图如图 7-249 所示。添加图层样式，设置内发光颜色为 # ffffff，设置渐变叠加颜色为 # ffd27a、# ffb912，设置描边颜色为# c07c33。图层样式的设置及效果图如图 7-250～图 7-253 所示。

图 7-249 初图

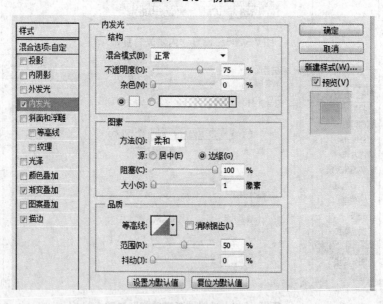

图 7-250 设置"内发光"参数

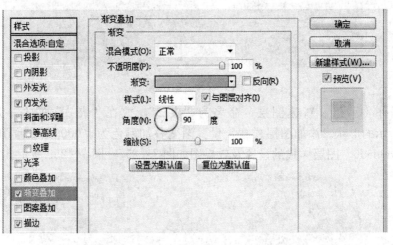

图 7-251 设置"渐变叠加"参数

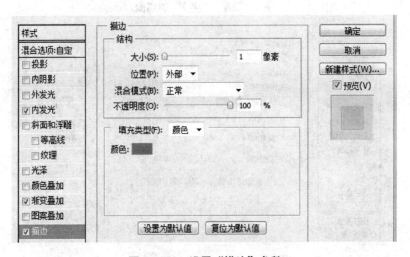

图 7-252 设置"描边"参数

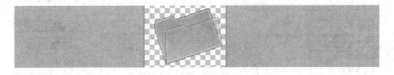

图 7-253 效果图

（4）新建一个图层，命名为"白色膜"，选择工具箱中的画笔工具，其选项栏如图 7-254 所示。画笔硬度为 100％，设置颜色为 ♯ffffff，画出如图 7-255 所示的白色膜。

图 7-254 画笔工具选项栏

图 7-255 白色膜

（5）制作一张纸。新建图层，命名为"夹 2"，放在"夹 1"的上一层，画出如图 7-256 所示的形状。添加图层样式，设置渐变叠加颜色为♯000000、♯ffffff，设置描边颜色为♯d6d6d6。图层样式的设置及效果图如图 7-257～图 7-259 所示。

图 7-256 "夹 2"的初图

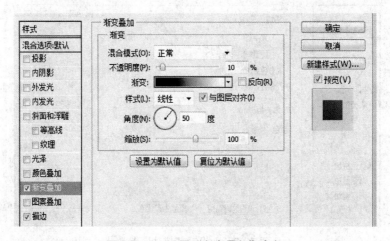

图 7-257 设置"渐变叠加"参数

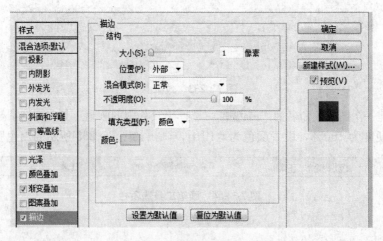

图 7-258 设置"描边"参数

图 7-259　"夹 2"的效果图

（6）新建一个图层，命名为"夹 3"，在"夹 2"的上一层，选择工具箱中的钢笔工具勾画出如图 7-260 所示的形状，设置颜色为♯e3e3e3。添加图层样式，设置投影颜色为♯bcbcbc。图层样式的设置及效果图如图 7-261 和图 7-262 所示。"夹 2"、"夹 3"也可以用其他图片代替。制作三个文件夹，将其移动到"主页"中，如图 7-263 所示。

图 7-260　"夹 3"的初图

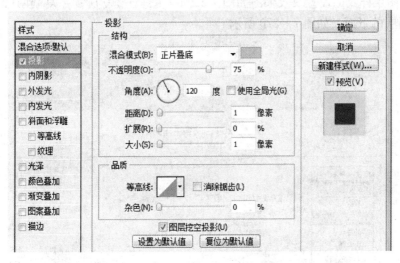

图 7-261　设置"投影"参数

图 7-262　"夹 3"的效果图

图 7 - 263　文件夹在主页中

（7）新建一个图层，放在文件夹的下面，命名为"盘"。选择工具箱中的圆角矩形工具，半径设置为 7px，颜色设置为♯c6c6ce，样式为无，拖动出如图 7 - 264 所示的圆角矩形。添加图层样式，设置内阴影颜色为♯929bb4；设置内发光颜色为♯ffffbe；设置斜面和浮雕"高光模式"颜色为♯9da4b7，"阴影模式"颜色为♯c6c6ce；设置描边颜色为♯c2c8d9。图层样式的设置及效果图如图 7 - 265～图 7 - 269 所示。复制两次，分别放在另外两个图层的下面，如图 7 - 270 所示。

图 7 - 264　"盘"的初图

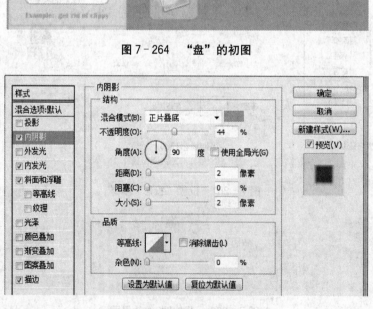

图 7 - 265　设置"内阴影"参数

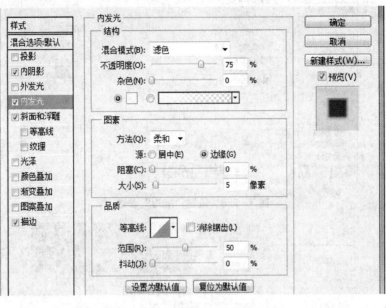

图 7-266 设置"内发光"参数

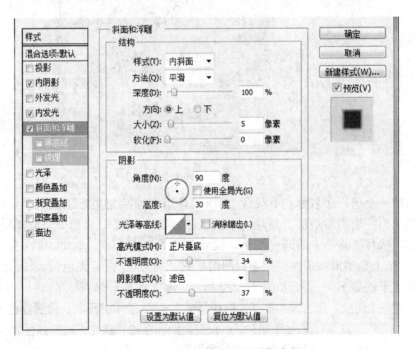

图 7-267 设置"斜面和浮雕"参数

图 7-268　设置"描边"参数

图 7-269　"盘"的效果图

图 7-270　盘与文件夹

　　(8) 新建一个组，命名为"下载"，选择工具箱中的圆角矩形工具，半径为 7px，颜色任选，拖动出一个圆角矩形。新建一个图层，命名为"载 1"，选中"载 1"，载入刚才的圆角矩形，选择工具箱中的渐变工具，设置颜色为 #dadde2、#f2f3f5，透明度调整为 100%，由下至上拖动出一条直线，添加图层样式"描边"，设置颜色为 #cad1e3。图层样式的设置及效果图如图 7-271 和图 7-272 所示。

　　(9) 新建一个图层，命名为"载 2"，制作如图 7-273 所示的形状，设置颜色为 #c6c8d4，将其拖动到"载 1"的上端，添加图层样式，设置斜面和浮雕"高光模式"颜色为 #ffffff，"阴影模式"颜色为 #b2b4c2。图层样式的设置及效果图如图 7-274 和图 7-275 所示。

　　(10) 新建一个图层，命名为"载 3"，选择工具箱中的圆角矩形工具，拖动出如图 7-276 所示的形状，设置颜色为 #d7d7df。添加图层样式，设置内阴影颜色为 #bcb5b5；设置内发光颜色为 #ffffbe；设置斜面和浮雕"高光模式"颜色 #eaeaec，"阴影模式"颜色为 #b4b4b8。图层样式的设置及效果如图 7-277~图 7-280 所示。

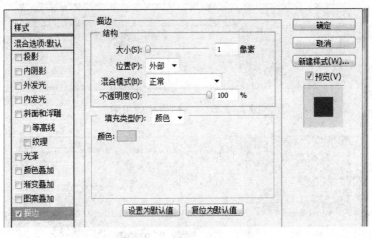

图7-271　设置"描边"参数

图7-272　"载1"的效果图

图7-273　"载2"的初图

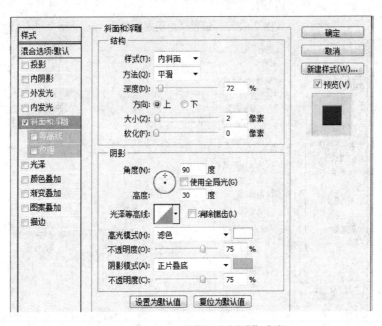

图7-274　设置"斜面和浮雕"参数

图 7 - 275   "载 2"的效果图

图 7 - 276   "载 3"的初图

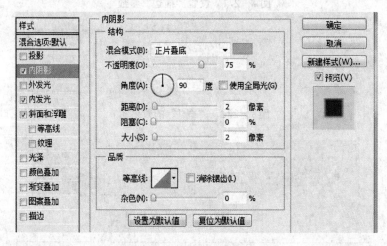

图 7 - 277   设置"内阴影"参数

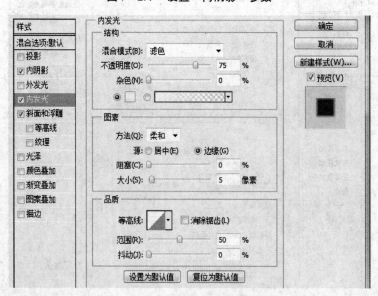

图 7 - 278   设置"内发光"参数

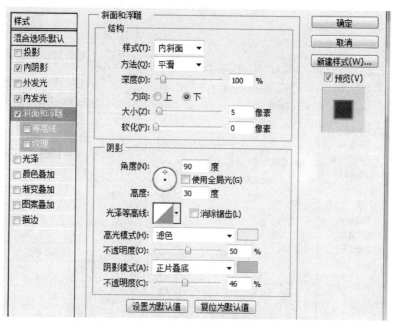

图7-279 设置"斜面和浮雕"参数

图7-280 "载3"的效果图

（11）新建一图层，命名为"载4"，选择工具箱中的矩形工具，拖动出如图7-281所示的形状，设置颜色为＃ffffff。添加图层样式，设置外发光颜色为＃ffffbe；设置斜面和浮雕"高光模式"颜色为＃ffffff，"阴影模式"颜色为＃c2c4c2；设置描边颜色为＃d2d3d4。图层样式的设置及效果图如图7-282～图7-285所示。

图7-281 "载4"的初图

（12）新建一个图层，命名为"载5"，载入"载4"的选区，选择工具箱中的渐变工具，设置颜色为＃90c408、＃b8db1c，其选项栏如图7-286所示。拖动出渐变，并将其缩短，长度由自己决定，初图如图7-287所示。添加图层样式，设置外发光颜色为＃3ad83a；设置斜面和浮雕"高光模式"颜色为＃4df619，"阴影模式"颜色为＃328522。图层样式的设置及效果图如图7-288～图7-290所示。

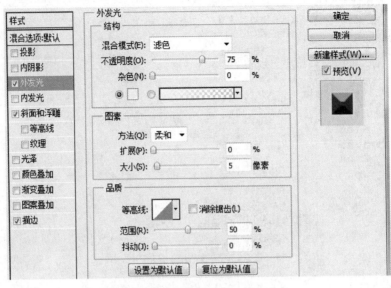

图 7 - 282　设置"外发光"参数

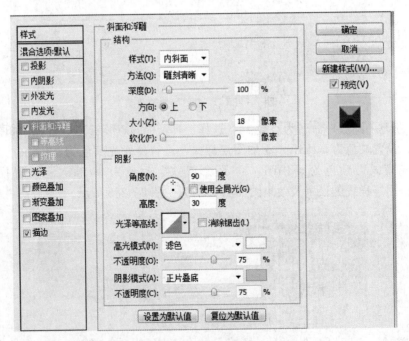

图 7 - 283　设置"斜面和浮雕"参数

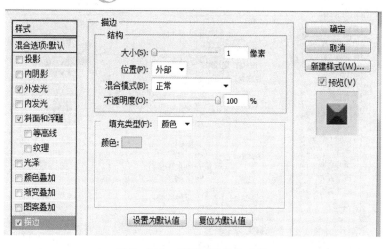

图 7－284 设置"描边"参数

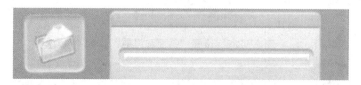

图 7－285 "载 4"的效果图

图 7－286 渐变工具选项栏

图 7－287 "载 5"的初图

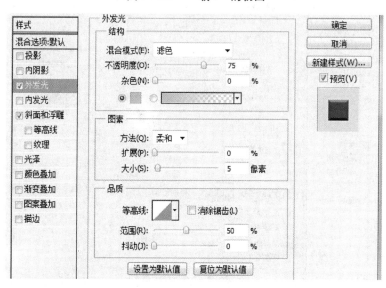

图 7－288 设置"外发光"参数

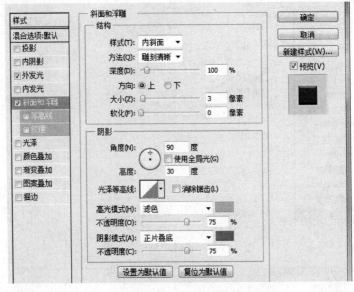

图 7 - 289　设置"斜面和浮雕"参数

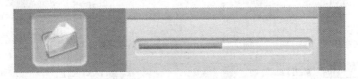

图 7 - 290　　"载 5"的效果图

（13）新建一个图层，名为"载 6"，选择工具箱中的多边形工具，边数为 3，样式无，颜色为白色，画出三角形。添加图层样式，设置斜面和浮雕"高光模式"颜色为 #eaeaec，"阴影模式"颜色为 #b4b4b8；设置描边颜色为 #8b8e93。图层样式的设置及效果图如图 7 - 291～图 7 - 293 所示。

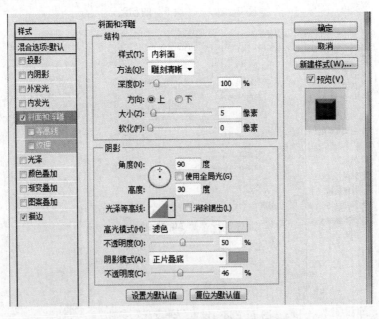

图 7 - 291　设置"斜面和浮雕"参数

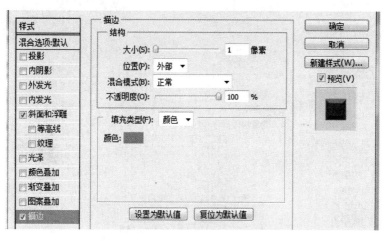

图 7 - 292　设置"描边"参数

图 7 - 293　"载 6"的效果图

（14）新建一个图层，命名为"载 7"，选择工具箱中的圆角矩形工具，半径为 7px，样式无，设置颜色为♯c6c6ce，拖动出如图 7 - 294 所示的形状。添加图层样式，设置内阴影颜色为♯babec9；设置内发光颜色为♯ffffbe；设置斜面和浮雕"高光模式"颜色为♯bfc3cf，"阴影模式"颜色为♯b7b7c2；设置描边颜色为♯c2c8d9。复制一个图层，移动到右边。图层样式的设置及效果图如图 7 - 295～图 7 - 299 所示。

图 7 - 294　"载 7"的初图

图 7 - 295　设置"内阴影"参数

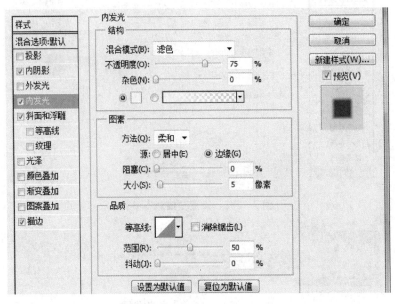

图 7-296　设置"内发光"参数

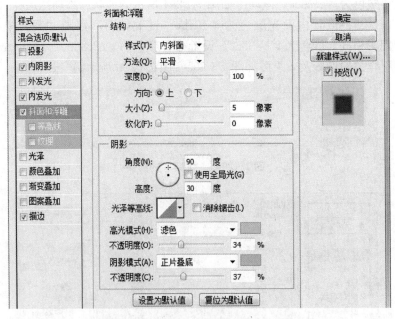

图 7-297　设置"斜面和浮雕"参数

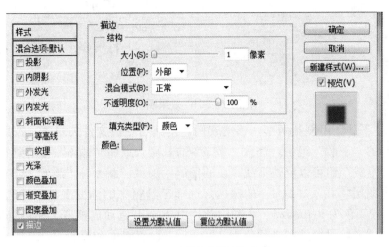

图 7 - 298 设置"描边"参数

图 7 - 299 "载 7"的效果图

（15）新建一个图层，选择工具箱中的直线工具，拖动出一条长直线，设置颜色为
♯cacad0。新建一个图层，命名为"载 8"，拖动出一条短线，设置颜色为♯86868f。添加
图层样式，设置斜面和浮雕"高光模式"颜色为♯ffffff，"阴影模式"颜色为♯868484，
如图 7 - 300 所示。添加文字，文字颜色从上至下依次为♯61616e、♯b2b2b6、♯6f6f78，
大小和字体自定，效果图如图 7 - 301 所示。

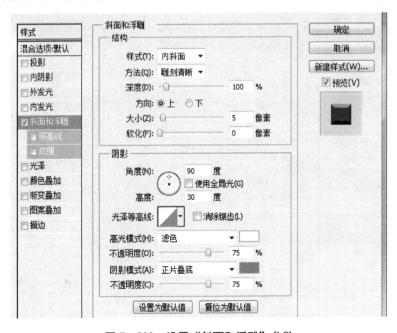

图 7 - 300 设置"斜面和浮雕"参数

图 7 - 301　效果图

（16）将"下载"组复制两次，移动它们，使其与左边文件夹对齐。按照步骤（12）的操作，在复制的"下载"组中，修改"载 5"的长度，并将"载 6"移动到相应位置。复制的第二个"下载"组可以反映下载完成的情况，隐藏"载 5"、"载 6"、在"载 5"图层之上新建一个图层，载入"载 4"的选区。选择工具箱中的渐变工具，其选项栏如图 7 - 302 所示，设置颜色为♯409525、♯35b423，由下至上拖动出渐变，初图如图 7 - 303 所示。添加图层样式，设置外发光颜色为♯3ad83a，设置斜面和浮雕"高光模式"颜色为♯4df619，"阴影模式"颜色为♯328522。图层样式的设置及效果图如图 7 - 304～图 7 - 306 所示。

图 7 - 302　渐变工具选项栏

图 7 - 303　初图

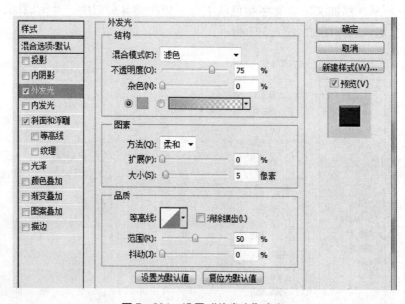

图 7 - 304　设置"外发光"参数

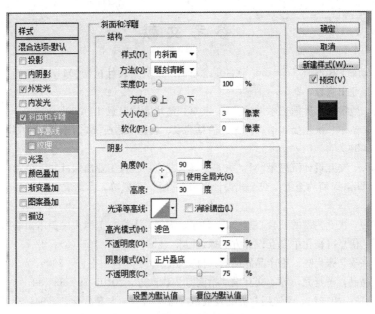

图 7-305 设置"斜面和浮雕"参数

图 7-306 最终效果图

课 后 习 题

尝试临摹并完成图 7-307 所示的计算器。

图 7-307 课后习题图

参 考 文 献

[1] [美]Alan Cooper，Robert Teimann. 软件观念革命——交互设计精髓[M]. 詹剑峰，张知非，等译. 北京：电子工业出版社，2005.

[2] 鲁晓波，等. 数字图形界面艺术设计[M]. 北京：清华大学出版社，2006.

[3] [美]理查德·索尔·沃尔曼. 信息饥渴：信息选取、表达与透析[M]. 李银胜，等译. 北京：电子工业出版社，2001.

[4] [美]Jon Kolko. 交互设计沉思录[M]. 方舟，译. 北京：机械工业出版社华章公司，2012.

[5] [英]GilesColborne. 简约至上：交互式设计四策略[M]. 李松峰，秦绪文，译. 北京：人民邮电出版社，2011.

[6] [日]中川作一. 视觉艺术的社会心理[M]. 许平，等译. 上海：上海人民美术出版社，1991.

[7] 覃京燕，等. 信息可视化中交互设计方法探议[J]. 装饰，2007，167（3）：22-23.

[8] 鲁群霞，熊兴福，张启亮. 论产品界面的人机交互设计[J]. 包装工程，2005，26（5）：163-164.

[9] 包季真，孔晶晶，杨延龙，等. 交互设计指南[J]. 碳酸志，2010，39：82-132.

[10] 黄光奇，截葵，胡守仁. 图形用户界面发展概况[J]. 计算机与现代化，1994，38（2）：18-21.

[11] 程景云，倪亦泉，人机界面设计与开发工具[M]. 北京：电子工业出版社，1994.

[12] 董士海. 人机交互和多通道用户界面[M]. 北京：科学出版社，1999.

[13] 罗仕鉴，朱上上，孙守迁. 人机界面设计[M]. 北京：机械工业出版社，2002.

[14] 方志刚，吴晓波，马卫娟. 人机交互技术研究新进展[J]. 计算机工程与设计，1998，19（1）：59-64.

[15] 方志刚，王坚. 人机交互技术新趋势——多媒体与多通道[J]. 人类工效学，1998，4（2）：34-38.

北京大学出版社本科计算机系列实用规划教材

序号	标准书号	书 名	主编	定价	序号	标准书号	书 名	主 编	定价
1	7-301-10511-5	离散数学	段禅伦	28	38	7-301-13684-3	单片机原理及应用	王新颖	25
2	7-301-10457-X	线性代数	陈付贵	20	39	7-301-14505-0	Visual C++程序设计案例教程	张荣梅	30
3	7-301-10510-X	概率论与数理统计	陈荣江	26	40	7-301-14259-2	多媒体技术应用案例教程	李 建	30
4	7-301-10503-0	Visual Basic 程序设计	闵联营	22	41	7-301-14503-6	ASP .NET 动态网页设计案例教程(Visual Basic .NET 版)	江 红	35
5	7-301-21752-8	多媒体技术及其应用(第2版)	张 明	39	42	7-301-14504-3	C++面向对象与 Visual C++程序设计案例教程	黄贤英	35
6	7-301-10466-8	C++程序设计	刘天印	33	43	7-301-14506-7	Photoshop CS3 案例教程	李建芳	34
7	7-301-10467-5	C++程序设计实验指导与习题解答	李 兰	20	44	7-301-14510-4	C++程序设计基础案例教程	于永彦	33
8	7-301-10505-4	Visual C++程序设计教程与上机指导	高志伟	25	45	7-301-14942-3	ASP .NET 网络应用案例教程(C# .NET 版)	张登辉	33
9	7-301-10462-0	XML 实用教程	丁跃潮	26	46	7-301-12377-5	计算机硬件技术基础	石 磊	26
10	7-301-10463-7	计算机网络系统集成	斯桃枝	22	47	7-301-15208-9	计算机组成原理	娄国焕	24
11	7-301-22437-3	单片机原理及应用教程(第2版)	范立南	43	48	7-301-15463-2	网页设计与制作案例教程	房爱莲	36
12	7-5038-4421-3	ASP .NET 网络编程实用教程(C#版)	崔良海	31	49	7-301-04852-8	线性代数	姚喜妍	22
13	7-5038-4427-2	C 语言程序设计	赵建锋	25	50	7-301-15461-8	计算机网络技术	陈代武	33
14	7-5038-4420-5	Delphi 程序设计基础教程	张世明	37	51	7-301-15697-1	计算机辅助设计二次开发案例教程	谢安俊	26
15	7-5038-4417-5	SQL Server 数据库设计与管理	姜 力	31	52	7-301-15740-4	Visual C# 程序开发案例教程	韩朝阳	30
16	7-5038-4424-9	大学计算机基础	贾丽娟	34	53	7-301-16597-3	Visual C++程序设计实用案例教程	于永彦	32
17	7-5038-4430-0	计算机科学与技术导论	王昆仑	30	54	7-301-16850-9	Java 程序设计案例教程	胡巧多	32
18	7-5038-4418-3	计算机网络应用实例教程	魏 峥	25	55	7-301-16842-4	数据库原理与应用 (SQL Server 版)	毛一梅	36
19	7-5038-4415-9	面向对象程序设计	冷英男	28	56	7-301-16910-0	计算机网络技术基础与应用	马秀峰	33
20	7-5038-4429-4	软件工程	赵春刚	22	57	7-301-15063-4	计算机网络基础与应用	刘远生	32
21	7-5038-4431-0	数据结构(C++版)	秦 锋	28	58	7-301-15250-8	汇编语言程序设计	张光长	28
22	7-5038-4423-2	微机应用基础	吕晓燕	33	59	7-301-15064-1	网络安全技术	骆耀祖	30
23	7-5038-4426-4	微型计算机原理与接口技术	刘彦文	26	60	7-301-15584-4	数据结构与算法	佟伟光	32
24	7-5038-4425-6	办公自动化教程	钱 俊	30	61	7-301-17087-8	操作系统实用教程	范立南	36
25	7-5038-4419-1	Java 语言程序设计实用教程	董迎红	33	62	7-301-16631-4	Visual Basic 2008 程序设计教程	隋晓红	34
26	7-5038-4428-0	计算机图形技术	龚声蓉	28	63	7-301-17537-8	C 语言基础案例教程	汪新民	31
27	7-301-11501-5	计算机软件技术基础	高 巍	25	64	7-301-17397-8	C++程序设计基础教程	郁亚辉	30
28	7-301-11500-8	计算机组装与维护实用教程	崔明远	33	65	7-301-17578-1	图论算法理论、实现及应用	王桂平	54
29	7-301-12174-0	Visual FoxPro 实用教程	马秀峰	29	66	7-301-17964-2	PHP 动态网页设计与制作案例教程	房爱莲	42
30	7-301-11500-8	管理信息系统实用教程	杨月江	27	67	7-301-18514-8	多媒体开发与编程	于永彦	35
31	7-301-11445-2	Photoshop CS 实用教程	张 瑾	28	68	7-301-18538-4	实用计算方法	徐亚平	24
32	7-301-12378-2	ASP .NET 课程设计指导	潘志红	35	69	7-301-18539-1	Visual FoxPro 数据库设计案例教程	谭红杨	35
33	7-301-12394-2	C# .NET 课程设计指导	龚自霞	32	70	7-301-19313-6	Java 程序设计案例教程与实训	董迎红	45
34	7-301-13259-3	VisualBasic .NET 课程设计指导	潘志红	30	71	7-301-19389-1	Visual FoxPro 实用教程与上机指导（第2版）	马秀峰	40
35	7-301-12371-3	网络工程实用教程	汪新民	34	72	7-301-19435-5	计算方法	尹景本	28
36	7-301-14132-8	J2EE 课程设计指导	王立丰	32	73	7-301-19388-4	Java 程序设计教程	张剑飞	35
37	7-301-21088-8	计算机专业英语(第2版)	张 勇	42	74	7-301-19386-0	计算机图形技术(第2版)	许承东	44

序号	标准书号	书　名	主　编	定价	序号	标准书号	书　名	主　编	定价
75	7-301-15689-6	Photoshop CS5 案例教程(第2版)	李建芳	39	86	7-301-16528-7	C#程序设计	胡艳菊	40
76	7-301-18395-3	概率论与数理统计	姚喜妍	29	87	7-301-21271-4	C#面向对象程序设计及实践教程	唐　燕	45
77	7-301-19980-0	3ds Max 2011 案例教程	李建芳	44	88	7-301-21295-0	计算机专业英语	吴丽君	34
78	7-301-20052-0	数据结构与算法应用实践教程	李文书	36	89	7-301-21341-4	计算机组成与结构教程	姚玉霞	42
79	7-301-12375-1	汇编语言程序设计	张宝剑	36	90	7-301-21367-4	计算机组成与结构实验实训教程	姚玉霞	22
80	7-301-20523-5	Visual C++程序设计教程与上机指导(第2版)	牛江川	40	91	7-301-22119-8	UML 实用基础教程	赵春刚	36
81	7-301-20630-0	C#程序开发案例教程	李挥剑	39	92	7-301-22965-1	数据结构(C 语言版)	陈超祥	32
82	7-301-20898-4	SQL Server 2008 数据库应用案例教程	钱哨	38	93	7-301-23122-7	算法分析与设计教程	秦　明	29
83	7-301-21052-9	ASP.NET 程序设计与开发	张绍兵	39	94	7-301-23566-9	ASP.NET 程序设计实用教程(C#版)	张荣梅	44
84	7-301-16824-0	软件测试案例教程	丁宋涛	28	95	7-301-23734-2	JSP 设计与开发案例教程	杨田宏	32
85	7-301-20328-6	ASP. NET 动态网页案例教程(C#.NET 版)	江　红	45	96	7-301-24245-2	计算机图形用户界面设计与应用	王赛兰	38

北京大学出版社电气信息类教材书目(已出版)
欢迎选订

序号	标准书号	书名	主编	定价	序号	标准书号	书名	主编	定价
1	7-301-10759-1	DSP 技术及应用	吴冬梅	26	47	7-301-10512-2	现代控制理论基础(国家级十一五规划教材)	侯媛彬	20
2	7-301-10760-7	单片机原理与应用技术	魏立峰	25	48	7-301-11151-2	电路基础学习指导与典型题解	公茂法	32
3	7-301-10765-2	电工学	蒋 中	29	49	7-301-12326-3	过程控制与自动化仪表	张井岗	36
4	7-301-19183-5	电工与电子技术(上册)(第2版)	吴舒辞	32	50	7-301-23271-2	计算机控制系统(第2版)	徐文尚	48
5	7-301-19229-0	电工与电子技术(下册)(第2版)	徐卓农	32	51	7-5038-4414-0	微机原理及接口技术	赵志诚	38
6	7-301-10699-0	电子工艺实习	周春阳	19	52	7-301-10465-1	单片机原理及应用教程	范立南	30
7	7-301-10744-7	电子工艺学教程	张立毅	32	53	7-5038-4426-4	微型计算机原理与接口技术	刘彦文	26
8	7-301-10915-6	电子线路 CAD	吕建平	34	54	7-301-12562-5	嵌入式基础实践教程	杨 刚	30
9	7-301-10764-1	数据通信技术教程	吴延海	29	55	7-301-12530-4	嵌入式 ARM 系统原理与实例开发	杨宗德	25
10	7-301-18784-5	数字信号处理(第2版)	阎 毅	32	56	7-301-13676-8	单片机原理与应用及 C51 程序设计	唐 颖	30
11	7-301-18889-7	现代交换技术(第2版)	姚 军	36	57	7-301-13577-8	电力电子技术及应用	张润和	38
12	7-301-10761-4	信号与系统	华 容	33	58	7-301-20508-2	电磁场与电磁波（第2版）	邹春明	30
13	7-301-19318-1	信息与通信工程专业英语(第2版)	韩定定	32	59	7-301-12179-5	电路分析	王艳红	38
14	7-301-10757-7	自动控制原理	袁德成	29	60	7-301-12380-5	电子测量与传感技术	杨 雷	35
15	7-301-16520-1	高频电子线路(第2版)	宋树祥	35	61	7-301-14461-9	高电压技术	马永翔	28
16	7-301-11507-7	微机原理与接口技术	陈光军	34	62	7-301-14472-5	生物医学数据分析及其 MATLAB 实现	尚志刚	25
17	7-301-11442-1	MATLAB 基础及其应用教程	周开利	24	63	7-301-14460-2	电力系统分析	曹 娜	35
18	7-301-11508-4	计算机网络	郭银景	31	64	7-301-14459-6	DSP 技术与应用基础	俞一彪	34
19	7-301-12178-8	通信原理	隋晓红	32	65	7-301-14994-2	综合布线系统基础教程	吴达金	24
20	7-301-12175-7	电子系统综合设计	郭 勇	25	66	7-301-15168-6	信号处理 MATLAB 实验教程	李 杰	20
21	7-301-11503-9	EDA 技术基础	赵明富	22	67	7-301-15440-3	电工电子实验教程	魏 伟	26
22	7-301-12176-4	数字图像处理	曹茂永	23	68	7-301-15445-8	检测与控制实验教程	魏 伟	24
23	7-301-12177-1	现代通信系统	李白萍	27	69	7-301-04595-4	电路与模拟电子技术	张绪光	35
24	7-301-12340-9	模拟电子技术	陆秀令	28	70	7-301-15458-8	信号、系统与控制理论(上、下册)	邱德润	70
25	7-301-13121-3	模拟电子技术实验教程	谭海曙	24	71	7-301-15786-2	通信网的信令系统	张云麟	24
26	7-301-11502-2	移动通信	郭俊强	22	72	7-301-23674-1	发电厂变电所电气部分(第2版)	马永翔	48
27	7-301-11504-6	数字电子技术	梅开乡	30	73	7-301-16076-3	数字信号处理	王震宇	32
28	7-301-18860-6	运筹学(第2版)	吴亚丽	28	74	7-301-16931-5	微机原理及接口技术	肖洪兵	32
29	7-5038-4407-2	传感器与检测技术	祝诗平	30	75	7-301-16932-2	数字电子技术	刘金华	30
30	7-5038-4413-3	单片机原理及应用	刘 刚	24	76	7-301-16933-9	自动控制原理	丁 红	32
31	7-5038-4409-6	电机与拖动	杨天明	27	77	7-301-17540-8	单片机原理及应用教程	周广兴	40
32	7-5038-4411-9	电力电子技术	樊立萍	25	78	7-301-17614-6	微机原理及接口技术实验指导书	李干林	22
33	7-5038-4399-0	电力市场原理与实践	邹 斌	24	79	7-301-12379-9	光纤通信	卢志茂	28
34	7-5038-4405-8	电力系统继电保护	马永翔	27	80	7-301-17382-4	离散信息论基础	范九伦	25
35	7-5038-4397-6	电力系统自动化	孟祥忠	25	81	7-301-17677-1	新能源与分布式发电技术	朱永强	32
36	7-5038-4404-1	电气控制技术	韩顺杰	22	82	7-301-17683-2	光纤通信	李丽君	26
37	7-5038-4403-4	电器与 PLC 控制技术	陈志新	38	83	7-301-17700-6	模拟电子技术	张绪光	36
38	7-5038-4400-3	工厂供配电	王玉华	34	84	7-301-17318-3	ARM 嵌入式系统基础与开发教程	丁文龙	36
39	7-5038-4410-2	控制系统仿真	郑恩让	26	85	7-301-17797-6	PLC 原理及应用	缪志农	26
40	7-5038-4398-3	数字电子技术	李 元	27	86	7-301-17986-4	数字信号处理	王玉德	32
41	7-5038-4412-6	现代控制理论	刘永信	22	87	7-301-18131-7	集散控制系统	周荣富	36
42	7-5038-4401-0	自动化仪表	齐志才	27	88	7-301-18285-7	电子线路 CAD	周荣富	41
43	7-5038-4408-9	自动化专业英语	李国厚	32	89	7-301-16739-7	MATLAB 基础及应用	李国朝	39
44	7-301-23081-7	集散控制系统(第2版)	刘翠玲	36	90	7-301-18352-6	信息论与编码	隋晓红	24
45	7-301-19174-3	传感器基础(第2版)	赵玉刚	32	91	7-301-18260-4	控制电机与特种电机及其控制系统	孙冠群	42
46	7-5038-4396-9	自动控制原理	潘 丰	32	92	7-301-18493-6	电工技术	张 莉	26

序号	标准书号	书名	主编	定价	序号	标准书号	书名	主编	定价
93	7-301-18496-7	现代电子系统设计教程	宋晓梅	36	127	7-301-22112-9	自动控制原理	许丽佳	30
94	7-301-18672-5	太阳能电池原理与应用	靳瑞敏	25	128	7-301-22109-9	DSP 技术及应用	董胜	39
95	7-301-18314-4	通信电子线路及仿真设计	王鲜芳	29	129	7-301-21607-1	数字图像处理算法及应用	李文书	48
96	7-301-19175-0	单片机原理与接口技术	李升	46	130	7-301-22111-2	平板显示技术基础	王丽娟	52
97	7-301-19320-4	移动通信	刘维超	39	131	7-301-22448-9	自动控制原理	谭功全	44
98	7-301-19447-8	电气信息类专业英语	缪志农	40	132	7-301-22474-8	电子电路基础实验与课程设计	武林	36
99	7-301-19451-5	嵌入式系统设计及应用	邢吉生	44	133	7-301-22484-7	电文化——电气信息学科概论	高心	30
100	7-301-19452-2	电子信息类专业 MATLAB 实验教程	李明明	42	134	7-301-22436-6	物联网技术案例教程	崔逊学	40
101	7-301-16914-8	物理光学理论与应用	宋贵才	32	135	7-301-22598-1	实用数字电子技术	钱裕禄	30
102	7-301-16598-0	综合布线系统管理教程	吴达金	39	136	7-301-22529-5	PLC 技术与应用(西门子版)	丁金婷	32
103	7-301-20394-1	物联网基础与应用	李蔚田	44	137	7-301-22386-4	自动控制原理	佟威	30
104	7-301-20339-2	数字图像处理	李云红	36	138	7-301-22528-8	通信原理实验与课程设计	邬春明	34
105	7-301-20340-8	信号与系统	李云红	29	139	7-301-22582-0	信号与系统	许丽佳	38
106	7-301-20505-1	电路分析基础	吴舒辞	38	140	7-301-22447-2	嵌入式系统基础实践教程	韩磊	35
107	7-301-22447-2	嵌入式系统基础实践教程	韩磊	35	141	7-301-22776-3	信号与线性系统	朱明早	33
108	7-301-20506-8	编码调制技术	黄平	26	142	7-301-22872-2	电机、拖动与控制	万芳瑛	34
109	7-301-20763-5	网络工程与管理	谢慧	39	143	7-301-22882-1	MCS-51 单片机原理及应用	黄翠翠	34
110	7-301-20845-8	单片机原理与接口技术实验与课程设计	徐懂理	26	144	7-301-22936-1	自动控制原理	邢春芳	39
111	301-20725-3	模拟电子线路	宋树祥	38	145	7-301-22920-0	电气信息工程专业英语	余兴波	26
112	7-301-21058-1	单片机原理与应用及其实验指导书	邵发森	44	146	7-301-22919-4	信号分析与处理	李会容	39
113	7-301-20918-9	Mathcad 在信号与系统中的应用	郭仁春	30	147	7-301-22385-7	家居物联网技术开发与实践	付蔚	39
114	7-301-20327-9	电工学实验教程	王士军	34	148	7-301-23124-1	模拟电子技术学习指导及习题精选	姚娅川	30
115	7-301-16367-2	供配电技术	王玉华	49	149	7-301-23022-0	MATLAB 基础及实验教程	杨成慧	36
116	7-301-20351-4	电路与模拟电子技术实验指导书	唐颖	26	150	7-301-23221-7	电工电子基础实验及综合设计指导	盛桂珍	32
117	7-301-21247-9	MATLAB 基础与应用教程	王月明	32	151	7-301-23473-0	物联网概论	王平	38
118	7-301-21235-6	集成电路版图设计	陆学斌	36	152	7-301-23639-0	现代光学	宋贵才	36
119	7-301-21304-9	数字电子技术	秦长海	49	153	7-301-23705-2	无线通信原理	许晓丽	42
120	7-301-21366-7	电力系统继电保护(第 2 版)	马永翔	42	154	7-301-23736-6	电子技术实验教程	司朝良	33
121	7-301-21450-3	模拟电子与数字逻辑	邬春明	39	155	7-301-23754-0	工控组态软件及应用	何坚强	49
122	7-301-21439-8	物联网概论	王金甫	42	156	7-301-23877-6	EDA 技术及数字系统的应用	包明	55
123	7-301-21849-5	微波技术基础及其应用	李泽民	49	157	7-301-23983-4	通信网络基础	王昊	32
124	7-301-21688-0	电子信息与通信工程专业英语	孙桂芝	36	158	7-301-24153-0	物联网安全	王金甫	43
125	7-301-22110-5	传感器技术及应用电路项目化教程	钱裕禄	30	159	7-301-24181-3	电工技术	赵莹	46
126	7-301-21672-9	单片机系统设计与实例开发（MSP430）	顾涛	44					

相关教学资源如电子课件、电子教材、习题答案等可以登录 www.pup6.com 下载或在线阅读。

扑六知识网(www.pup6.com)有海量的相关教学资源和电子教材供阅读及下载(包括北京大学出版社第六事业部的相关资源)，同时欢迎您将教学课件、视频、教案、素材、习题、试卷、辅导材料、课改成果、设计作品、论文等教学资源上传到 pup6.com，与全国高校师生分享您的教学成就与经验，并可自由设定价格，知识也能创造财富。具体情况请登录网站查询。

如您需要免费纸样书用于教学，欢迎登陆第六事业部门户网(www.pup6.com)填表申请，并欢迎在线登记选题以到北京大学出版社来出版您的大作，也可下载相关表格填写后发到我们的邮箱，我们将及时与您取得联系并做好全方位的服务。

扑六知识网将打造成全国最大的教育资源共享平台，欢迎您的加入——让知识有价值，让教学无界限，让学习更轻松。

联系方式：010-62750667，pup6_czq@163.com，szheng_pup6@163.com，linzhangbo@126.com，欢迎来电来信咨询。